Elke Antwerpen

**Coaching für Kopfmenschen**

**Elke Antwerpen**

# Coaching für Kopfmenschen

Ihr Masterplan für persönliche Stärke und Erfolg

Die deutsche Bibliothek – CIP-Einheitsaufnahme
Die Deutsche Nationalbibliothek verzeichnet diese Publikation in der Deutschen Nationalbibliografie; detaillierte bibliografische Daten sind im Internet unter http://dnb.d-nb.de abrufbar

**Antwerpen, Elke:**
**Coaching für Kopfmenschen. Ihr Masterplan für persönliche Stärke und Erfolg**

Print: ISBN 978-3-00-058484-8
E-Book: ISBN 978-3-00-058485-5



1. Auflage 2018

Produktionsberatung sowie Umschlagdesign, Buchlayout, Satz: text-ur agentur Dr. Gierke, Köln, www.text-ur.de
Fotos: Andi Werner Photography, Düsseldorf, www.andiwerner.com
Lektorat: Ute Flockenhaus, Fischerhude, www.uteflockenhaus.de
Korrektorat: Susanne von Ahn, Hasloh, www.lektoren.de/profil/susanne-ahn

Druck und Vertrieb: BoD - Books on Demand GmbH, Norderstedt, www.bod.de



ISBN 8-3-00-058484-8

Printed in Germany

**»Für meine beiden Kinder Jule und Janis, denen ich die wichtigsten Lektionen in Sachen Führung verdanke.«**

# Leserstimmen und Rezensionen

## Statt eines Vorwortes: Wie Leser, Kunden und Klienten »Coaching für Kopfmenschen« nach dem *TWOS-Masterplan*® bewerten:

»Ich habe im Laufe meiner Karriere schon viele Coachingkonzepte und Modelle kennengelernt, aber keines, das so effizient und nachhaltig wirkt. Mit dem *TWOS-Masterplan* wird selbst für ausgesprochene Kopfmenschen die Entwicklung ihrer Soft Skills zum Spaziergang.«
**Peter Densborn, Personalvorstand, Kölner Verkehrs-Betriebe AG**

»›Coaching für Kopfmenschen‹ trifft genau ins Schwarze. Fachliche Themen reichen in der Zusammenarbeit längst nicht mehr aus, insbesondere nicht in einer Fachabteilung. Die ›weichen Faktoren‹ gewinnen zunehmend an Gewicht und Coaching ist dabei ein wichtiges Element, Stärken zu erkennen und diese gemeinsam mit den Mitarbeiter/-innen auszubauen. Wir haben dies bereits mit Frau Antwerpen in einem Team-Event erprobt und einfach, authentisch und konkret aufgegriffen.«
**Dr. rer. nat. Gunter Fricke, Head of Quality Management, Nestlé Deutschland AG**

»Mich als ›Kopfmenschen‹ konnte Frau Antwerpen als Coach optimal begleiten. Die exzellente Mischung aus:
- konstruktiver Konfrontation gepaart mit viel Feingefühl,
- glasklarem Erfassen von Persönlichkeiten und beschriebenen Situationen,
- den richtigen Fragen und Übungen im richtigen Moment,
- flexibler und passgenauer Anwendung eines umfassenden Methodensets,
- Konsequenz in der Umsetzung sowie viel Humor

machten das gemeinsame Coaching zu einem für mich sehr wertvollen und nachhaltigen Erlebnis. Ich freue mich, dass Frau Antwerpen Ihre Erfahrungen nun in einem Buch zusammenfassen konnte, sodass noch viele andere davon profitieren können.«
**Dr. Christina Terbille, Vice President HR Business Partner Operations im Segment Technology & Innovation der Deutschen Telekom AG**

»Frau Antwerpen begleitet mich nun schon durch viele Jahre meines Berufslebens. In unterschiedlichen Situationen haben mich vor allem ihre positive und zupackende Grundeinstellung sowie ihre klar fokussierten Lösungsansätze beeindruckt. Bestehende Stärken bei Menschen zu erkennen und zu fördern ist das eine. Ihre vermeintlichen Schwächen wertschätzend zu benennen und in Stärken zu verwandeln stellt oftmals eine viel größere Herausforderung dar. Der Gedankenaustausch mit ihr und die gemeinsame Arbeit sind für mich stets ein großer Gewinn. Der Kopfmensch wird nachhaltig angeregt und für neue Wege begeistert.«
**Christoph Beyer, Vorsitzender Bundesarbeitsgemeinschaft der Integrationsämter und Hauptfürsorgestellen (BIH)**

»Was ich als Kopfmensch nie wahrhaben wollte, aber an einem bestimmten Punkt meiner beruflichen Karriere schmerzhaft erfahren habe ist, dass sich mit der Ratio nicht alles erklären oder lösen lässt, vor allem wenn es um zwischenmenschliche Themen geht. Im Coaching mit Frau Antwerpen habe ich gelernt, dass Gefühle ein bedeutender Wegweiser und eine immense Hilfe sein können, besonders dann, wenn man sich mit rationalen Gedanken und Fakten im Kreis zu drehen scheint. Doch bei der bloßen Erkenntnis blieb es nicht: Dank des logischen und gut strukturierten *TWOS-Masterplans* wurde mir der Weg vom Kopf in den Bauch skizziert, sodass es mir heute leichtfällt, beides in meine Entscheidungen mit einfließen zu lassen.«
**Thomas Kuschel, Leiter Remote Services, Deutsche Telekom ISP Gmbh**

»Die *To-Win-On-Strength-Methode* hat meinen Horizont erweitert. Dank dieses Prinzips habe ich gelernt, Situationen aus verschiedenen Blickwinkeln zu verstehen und durch eine ausgewogene Kombination von Logik und Empathie zu lösen. Besonders gefallen hat mir die Alltagstauglichkeit. Mit vielen konkreten Tipps und praxisnahen Übungen gelingt es mir jetzt umso mehr, jeden Tag ein bisschen erfolgreicher zu sein.«
**Rosa Markarian, Head of Global Digital Marketing, Dr. Willmar Schwabe Gruppe, und Top-3-Finalistin des Digital Female Leader Awards, Mitglied der internationalen Liste »50 women you should know in ad tech«**

»Endlich mal ein Plan, der funktioniert! Statt Frust über Schwachstellen entsteht hier Lust auf Spitzenleistung.«
**Miriam Lange, RTL-Moderatorin, nominiert für den deutschen Fernsehpreis 2012**

»Im Coaching wurden viele meiner Gedanken von Frau Antwerpen sehr strukturiert aufgegriffen und mithilfe ihrer gezielten Fragen und Übungen Schritt für Schritt vorangebracht. Was sind meine Stärken und Schwächen? Wie bin ich bisher mit beruflichen Erfolgen, aber auch Tiefschlägen umgegangen? Welche weitere Vision habe ich für mein Leben? Mir ist bewusst geworden, wie wichtig es ist, in meiner Kraft zu sein und aus dieser Kraft heraus zu agieren. Mit dem *TWOS-Masterplan* habe ich nun ein Instrument, mit dem ich zukünftige Ziele stringent und erfolgreich angehen kann. Das war mit eine der besten Entscheidungen in meinem Berufsleben.«
**Alexander Henne, Geschäftsführer, TAZ Technologie- und Anwendungszentrum GmbH für innovative Präzisionsfertigung**

»Um es gleich auf den Punkt zu bringen: Dieses Buch ist authentisch und schon deshalb hervorragend. Hervorzuheben sind die klare Gliederung, eine einfache und zugleich persönliche Sprache, die Konzentration auf grundlegende und anwendbare Werkzeuge und hohe Praxisnähe. Das deckt sich zu einhundert Prozent mit der Person Elke Antwerpen und dem Coaching, wie ich es bei ihr erlebt habe. *To Win On Strength* gibt die Kraft, Änderungen anzugehen und ist eine gute Mischung aus Problemanalyse, Strategieentwicklung und Motivationshilfe. Ich kann beides nur empfehlen: das Buch und auch das Coaching von einem der stärksten Führungs-Coaches in Deutschland.«
**Oliver Mallmann, TV-Moderator, Channel 21 GmbH**

»Die fachliche Kompetenz von Frau Antwerpen steht außer Frage. Die konstruktive Konfrontation und die Erarbeitung von Lösungsansätzen durch die richtigen Fragen im richtigen Moment haben sehr dazu beigetragen, dass sich der Blick unserer Mitarbeiter und Führungskräfte auf die eigenen Perspektiven und Potenziale geschärft hat. Es ist höchst erstaunlich, welche Fortschritte mithilfe von *TWOS* innerhalb kürzester Zeit möglich sind. Dass *To Win On Strength* nun auch einer breiten Leserschaft zugänglich gemacht wird, ist nur die logische Konsequenz aus der seit vielen Jahren erfolgreichen praktischen Anwendung dieser Methode.«
**Georg Büllesbach, Vice President EMEA Chemicals Div. and Mitsui & Co. Deutschland GmbH**

»Wir arbeiten seit mehreren Jahren erfolgreich mit Elke Antwerpen als Coach zusammen. Gerade für unsere anspruchsvollen Führungskräfte liefert sie mit ihrem Stärken-Ansatz und dem *TWOS-Masterplan* direkt und nachhaltig wirksame Praxismethoden, die unsere Mitarbeiter zu noch besseren Leistungen befähigen. Wir freuen uns, dass sie ihr Expertenwissen nun in Buchform veröffentlicht.«
**Martin Thürmer, Vice President Global HR, Schwan-Stabilo Cosmetics GmbH**

»›Stärken stärken‹ ist ein bekanntes Konzept, mit dem einiges an persönlicher Verbesserung erreicht werden kann. *TWOS* geht hierüber weit hinaus! Aus eigener Erfahrung kann ich sagen: Schritt für Schritt ist es mit diesem Prozessmodell möglich, alte Muster zu erkennen und auf eigene zusätzliche unbekannte oder versteckte Ressourcen zurückzugreifen.«
**Monika Steinmetz, Leiterin Competence Center Technische Realisierung & Betrieb, Deutsche Telekom Service GmbH**

»Was kann ein weiteres Tool, eine weitere Methode zum Thema persönliche Entwicklung noch bringen? Die Antwort habe ich in dem Buch ›Coaching für Kopfmenschen‹ gefunden, welches mich von der ersten Seite an begeistert und mitgenommen hat. Es beschreibt neue, effektive und verständliche Wege, an persönlicher und beruflicher Stärke dazugewinnen – *To Win On Strength*. Der *TWOS-Masterplan* ist mit seinem logischen Aufbau vor allem, aber nicht nur, für Kopfmenschen ein perfekter Leitfaden zur Findung und Umsetzung von Lösungsstrategien. Großartig und unbedingt lesenswert!«
**Andreas Mier, Sales Director Partnervertrieb in einem börsennotierten Konzern für Telekommunikationsdienste, Düsseldorf**

»Ich war sehr gespannt darauf, was sich hinter *To Win On Strength* verbergen würde. Sowohl ein ›Tschakka, Du schaffst alles, was Du willst!‹ als auch ein schnelles ›So musst Du es machen‹ hätten mich sofort vertrieben. Aber Frau Antwerpen wählte einen Einstieg, der meiner Persönlichkeit und meinen Stärken als Kopfmensch genau entsprach. Ich bekam einen klaren und strukturierten Blick auf die Dinge in meinem Leben und habe schnell erkannt, was ich eigentlich möchte, was ich kann und wer ich bin. Zusammen mit einem konkreten Entwicklungsplan hat mich ihr Coaching dorthin geführt, wo ich heute beruflich stehe. Vielen herzlichen Dank!«
**Markus Feld, Vice President Finance & Head of Business Control, Ericsson GmbH**

»Coaches und ihren Problemlösungen gegenüber war ich bislang eher skeptisch bis abwehrend eingestellt. Von daher würde ich mich ohne Übertreibung als ›harte Nuss‹ bezeichnen. Doch statt hohler Phrasen und viel Schnickschnack gab es zielgerichtetes, strukturiertes Arbeiten nach Plan – dem *TWOS-Masterplan* – und eine wertschätzende Begleitung auf Augenhöhe. Frau Antwerpen hat die einmalige Gabe, an den richtigen Stellen nachzuhaken und Querverbindungen zu Mustern sichtbar zu machen, auf die ich alleine niemals gekommen wäre. Vor allem ihr Ansatz, über die Stärken zur Lösung zu finden, hat mich überzeugt. Heute bin ich nicht nur dankbar für diese wertvolle Erfahrung, sondern auch ein echter Fan von *TWOS – To Win On Strength*.«
**Josef Willmes, Geschäftsführer, STRABAG Sportstättenbau GmbH**

»Den Unterschied zwischen kognitiver und emotionaler Empathie nicht nur zu verstehen, sondern auch zu erleben und für mich in meiner täglichen Praxis nutzbar zu machen – für mich als Kopfmensch ein Muss! –, verdanke ich dem Coaching nach der *TWOS-Methode*. Durch die sehr strukturierte, nachvollziehbare – manchmal überraschend anders wirkende – Vorgehensweise habe ich heute nicht nur ein anderes Bild von mir und meinen Stärken, sondern auch von meiner Umwelt. Wer rationale Stärke und vermeintlich persönliche Defizite zu einem starken Gesamtauftritt vereinen will, den wird ein Coaching nach *TWOS* mit Frau Antwerpen begeistern. Wie mich!"
**Anja Birkelbach, Leiterin Service Operations, Telekom Deutschland GmbH**

»Dieser Stärken-Ansatz *(To Win On Strength)* hat es in buchstäblich ›in sich‹. Wenn man sich bei der Suche nach Lösungen nicht nur auf die offensichtlichen Stärken fokussiert, sondern auch auf die starken Anteile der Schwächen blickt, dann setzt das nicht nur Motivation frei, sondern beschleunigt auch den Prozess. Die Schritte bis zum Ziel habe ich – dank eines gut funktionierenden Masterplans – als konkret, einfach und authentisch umsetzbar erlebt.«
**Djordje Popovic, General Manager Laundry and Home Care in Serbia, Henkel AG & Co. KGaA**

»Das *TWOS-Konzept (To Win On Strength)* hält, was es verspricht! Ich bin mir jetzt nicht nur meiner Stärken bewusst, sondern auch fokussiert und extrem motiviert. Das fühlt sich gut an und hat bereits zum Erfolg geführt.«
**Vesna Kajevic, Senior Stock Merchandise Manager / Global Replenishment, Hugo Boss AG**

»Ich bin ein großer Freund von zielgerichteten Coachings und war sehr positiv überrascht, wie sich mir mittels *TWOS* schnell und präzise neue Sichtweisen und Chancen eröffneten, um Dinge nochmals anders anzugehen oder sogar neu zu gestalten. Hierbei hat mir Elke Antwerpen mit ihrer Kompetenz und Erfahrung, verbunden mit einem sehr wertschätzende Umgang, wirklich geholfen.«
**Holger Krug, General Manager After Sales, Toyota Deutschland GmbH**

»Für mich standen bisher Logik und Empathie im Widerspruch, ebenso wie ich dachte, dass Stärken und Schwächen einander ausschließen. Das Coaching nach der *To-Win-On-Strength-Methode* hat mir gezeigt, dass der Schlüssel zum persönlichen Erfolg darin liegt, mich auf das gesamte Potenzial zu konzentrieren, das sowohl in meinen Stärken als auch in meinen Schwächen liegt. Die daraus gewonnenen Kräfte haben mich in meinen Themen schnell und effektiv vorangebracht. Von dieser Erfahrung profitiere ich bis heute in meiner täglichen Arbeit als Führungskraft.«
**Ken Schwarick, Niederlassungsleiter Köln, thyssenkrupp Aufzüge GmbH**

»Ein großartiges Coachingkonzept, das den Klienten nicht nur effektiv bei der Erreichung von Zielen unterstützt, sondern ihn auch in kürzester Zeit wieder auf die ›eigenen Füße stellt‹«
**Christian Eisen, Senior VP Global Product Development, Schwan-STABILO Cosmetics GmbH & Co. KG**

»Das Coaching mit Elke Antwerpen war eine enorm wertvolle Erfahrung für mich, ohne die ich mich bei bestimmten Themen noch heute im Kreise drehen würde. Bemerkenswert sind die Ergebnisse, auf die ich alleine so nie gestoßen wäre, die mich selbst überrascht haben. Insbesondere im beruflichen Kontext werden oftmals zu viele Aspekte mit einbezogen, sodass der eigentliche Fokus auf das Wesentliche neu gesetzt werden muss. Themenfelder, die vorher meine Energie aufgesogen haben, versperren heute nicht mehr den Blick auf das Wesentliche. Dank ihrer kompetenten und emphatischen Unterstützung habe ich definitiv an Stärke dazu gewonnen.«
**Stefan Hoff, Geschäftsführer, nobeo GmbH, Member of the Group Executive Committee, Euro Media Group**

»Elke Antwerpen verfügt über die ausgeprägte Kompetenz, Theorie und individuelle, komplexe Sachverhalte schnell und einfach in die Praxis zu transferieren. Mit Ihrer provokanten, humorvollen, mitreißenden und jederzeit wertschätzenden Art findet sie die bestmöglichen Lösungen für ihre Klienten. Das Motto lautet: ›Raus aus der Komfortzone!‹. Dadurch wird immer gemeinsam ein maximales Ergebnis realisiert, das sowohl den zeitlichen als auch den finanziellen Aufwand übertrifft.«
**Maik Rösler, Leiter Zentrale Projekte, DB Services GmbH**

»Wenn ich es nicht am eigenen Leib erfahren hätte, würde ich es nicht glauben, wie effektiv und schnell man mit *TWOS – To Win On Strength* – ans Ziel kommt. In dem Bewusstsein meiner Stärken und mit den geeigneten Instrumenten hat mein Berufs- als auch Privatleben an Qualität zurückgewonnen.«
**Tiziana Volpe, Head of Global Outlet Merchandising, Hugo Boss AG**

»Dass der Nutzen eines zielgerichteten Coachings häufig noch unterschätzt wird, wurde mir spätestens klar, als ich mich Frau Antwerpen mit ihrer Kompetenz und Erfahrung anvertraut habe. Ihre professionelle Arbeitsweise und der wertschätzende Umgang waren die Basis einer stets vertrauensvollen Zusammenarbeit. Komplexe berufliche und zwischenmenschliche Konstellationen gewannen für mich enorm an Klarheit und Prägnanz. Vor allem der Weg über die Stärken bei gleichzeitig wohlwollendem Blick auf die Schwächen eröffnete mir neue Sichtweisen und Chancen, die Dinge anders anzugehen oder sogar neu zu gestalten. Angesichts dieser außergewöhnlich gut funktionieren Technik, die den Erfolg schnell herbeiführt, kann ich *TWOS* nur wärmstens empfehlen.«
**Gianfranco Pizzata, Sales Director, Teamwire, grouptime GmbH**

»Für mich stellt *TWOS* eine komplett andere Form der Wahrnehmung und des Zugangs zu eigenen Schwächen dar. Es tut gut, sich über seine Stärken von alten Mustern lösen zu können, dabei inneren wie äußeren Realitäten ins Auge zu sehen und neue Wege beschreiten zu können. Ein Veränderungsprozess, der durch die Klarheit der zu gehenden Schritte und die präzise Heranführung an Lösungsmöglichkeiten eine bewegende und erhellende Erfahrung ist.«
**Delia Dittrich, TV-Regisseurin und Realisatorin**

»Frau Antwerpen hat mir mit ihrem reichen Wissens- und Erfahrungsschatz innerhalb weniger Sitzungen gezeigt, wie wertvoll es sein kann, nicht nur seine Stärken voranzutreiben, sondern auch seine Schwächen zu verstehen und den Zusammenhang zwischen beiden herzustellen. So ist es mir bereits nach kurzer Zeit gelungen, an Profil zu gewinnen und mich weiterzuentwickeln. Das Coaching hat sich für mich mehr als bezahlt gemacht!«
**Carsten Bänsch, Moderator und Trainer, QVC Handel S.à.r.l. & Co. KG**

»Das Coaching-Konzept von *TWOS* passt sehr gut zu uns, da es sehr praxis- und umsetzungsorientiert ist. Frau Antwerpen hat im Laufe unserer Zusammenarbeit durch eine hohe Kompetenz und Zielstrebigkeit überzeugt. Sie versteht es, sich auf die Person und deren Herausforderungen einzustellen. Ihre Art und Weise ist pragmatisch, direkt und sympathisch.«
**Ruth Kessler, Personalentwicklung und Ausbildung, Stadtsparkasse Düsseldorf**

»*TWOS* ist alles andere als ein Konzept von der Stange. Im Gegenteil! Es fühlt sich eher wie ein Maßanzug an, weil es sich genau den Bedürfnissen des Klienten anpasst und durch seine logische, strukturierte Vorgehensweise sehr schnell den Blick auf die Dinge freilegt, die im Einflussbereich eines jeden Einzelnen liegen. Der Weg über Stärken öffnet Bereiche, die vorher fremd oder lästig waren. Es ist faszinierend, wie viel ein einziges Coaching auslösen kann!«
**Andreas Heinrich, Geschäftsführer CFO in einem der weltweit führenden Unternehmen für Aufzugsysteme, Zürich und Wien**

»Frau Antwerpen zeigt mit ihrem Masterplan auf, dass ein Mensch aus Stärken *und* Schwächen besteht, und dass entgegen dem auch in der heutigen Zeit noch weit verbreiteten Glaubenssatz ›Du musst deine Schwächen abschaffen, um erfolgreich zu sein!‹ eher die Aussage ›Du kannst, um Erfolg zu haben, auch mit deinen Schwächen arbeiten!‹ eine motivierende Versöhnung der beiden im Menschen etablierten Bereiche Kraft für Fortschritte birgt. Frau Antwerpen bietet mit diesem Buch eine gut strukturierte Basis für die Umsetzung, selbst an sich arbeiten zu können.«
**Micaela Abel, Psychologische Beraterin und Vocal-Coach**

»Sie, Frau Antwerpen, besitzen diese faszinierende Gabe, blitzschnell Situationen und die dahinter liegenden Kernthemen zu erfassen, und können mit wenigen Worten sagen, was mir selbst womöglich als Ahnung im Hinterkopf herumschwirrte, was ich aber nicht aussprechen konnte. Sie haben mich über zielgerichtete Fragen an den Punkt geführt, Dinge zu sehen, die vorher unbeachtet blieben, weil sie zu dicht vor meiner Nase lagen. Aber was viel entscheidender ist: Sie haben mich dazu bewegt, mich mit unproduktiven Verhaltensmustern auseinanderzusetzen und über Handlungsalternativen nicht nur nachzudenken, sondern diese auch umzusetzen. Ich bin Ihnen für jeden wertvollen Impuls und nachdrücklichen ›Anstupser‹ zutiefst dankbar und zolle Ihrer hohen Kompetenz, Ihrer emotionalen Intelligenz und Menschlichkeit höchsten Respekt.«
**Patrick Tenter, Leiter Vertrieb Neuanlagen Deutschland, thyssenkrupp Aufzüge GmbH**

»Das Coaching bei Ihnen, liebe Frau Antwerpen, hat mir sehr geholfen, meine berufliche Situation aus einem anderen Blickwinkel zu betrachten und darauf aufbauend stimmige Handlungsalternativen zu entwerfen. Ihre Herangehensweise war ebenso zielorientiert und herausfordernd wie unterstützend und empathisch. Dank dieser Mischung war das Coaching eine Bereicherung für mich persönlich und richtungsweisend für meine berufliche Karriere.«
**Vanessa Mohr, SAP Lead Key User Controlling, Haribo GmbH und Co. KG**

»Frau Antwerpen ist als Business-Coach hartnäckig, dabei sehr warmherzig, womit sie bei mir schnell Vertrauen schaffte. Ich habe mich sehr aufgehoben gefühlt und war überrascht, wie durch einige wenige gezielte Interventionen zur Verhaltensveränderung ein dicker Knoten bei mir gelöst werden konnte. Nochmals vielen Dank dafür und weiterhin viel Erfolg!«
**Carlo Tekath, Gruppenleiter in einem renommierten Finanzdienstleistungsunternehmen, Düsseldorf**

»Frau Antwerpen hat mich im Laufe des Coachings durch eine wertungsfreie und offene Haltung sowie positive Ausstrahlung überzeugt. Ihre hohe Kompetenz, Zielorientierung und vor allem ihre Fähigkeit, innerhalb kürzester Zeit, buchstäblich ›auf meinen (wunden) Punkt‹ zu kommen, macht sie für mich zu einem starken Coach.«
**Roger Zimmermann, Leiter kfm. Auftragsbearbeitung, Tepper Aufzüge GmbH**

»Sie bringt die Themen in aller Klarheit auf den entscheidenden Punkt. Durch ihre überragende Sensitivität, Empathie und ihre Menschenkenntnis waren die Coachingstunden manchmal schonungslos und herausfordernd, aber immer in der Sache angemessen und sehr konstruktiv. Wir stehen heute, nach einigen Jahren, immer noch in Kontakt – ich wünsche ihr den allerbesten Erfolg.«
**Mark Schönfeld, IoT Solution Director in einem internationalem Unternehmen für Informations- und Kommunikationstechnologie, London**

»Sein Talent auszubauen, versteckte Potenziale zu aktivieren und das Lernen im digitalen Zeitalter zu beschleunigen, entscheidt über Aufstieg oder auch Fall von Führungskräften. Das Buch ›Coaching für Kopfmaschinen‹ von Elke Antwerpen ist eine nützliche und spannende Lektüre, um seinen ganz persönlichen Weg für die Karriereentwicklung zu finden.«
**Dr. Hans-Peter Siebenhaar, Journalist und Buchautor, Wien**

# Inhaltsverzeichnis

# Einleitung

Wer die Bedeutung von Sozialkompetenzen mit der von Fach- und Methodenkompetenz vergleicht, stellt schnell fest, dass diese immer wichtiger werden je höher es die Karriereleiter hinaufgeht. Dazu genügt ein Blick in die Stellenanzeigen: Unternehmen erwarten heute von ihren Mitarbeitern eine breite Palette an People Skills.

In den Einstellungsverfahren wird durch Tests und Assessments ermittelt, ob die Bewerber über Fähigkeiten wie Teamgeist, Kommunikationsstärke oder Einfühlungsvermögen verfügen. Insbesondere wenn es darum geht, Führungsverantwortung zu übernehmen, will man offensichtlich weg von dem gut ausgebildeten Spezialisten, der sich im Operativen verliert, hin zum sozialkompetenten Vorgesetzten, der angemessen auf Verhaltensweisen seiner Mitarbeiter reagiert und sie emotional mitnimmt. Ich beobachte immer öfter, dass solche Posten mit branchenfremden Managern besetzt werden, damit diese sich auf ihre Führungsaufgaben konzentrieren. Dieser Trend dürfte in der Erfahrung der letzten Jahrzehnte begründet sein: People leave managers, not companies!

Es genügt heutzutage einfach nicht mehr, nur fachlich top zu sein. Fachspezifische Kenntnisse und Fertigkeiten bilden zwar die Basis für beruflichen Erfolg, reichen aber bei Weitem nicht aus, wenn es um Motivation, Leistungsbereitschaft und emotionale Bindung an das Unternehmen geht. Da zählen die sogenannten »weichen Faktoren«. Doch damit tun sich rationale Manager schwer und scheitern nicht selten in Situationen und Positionen, wo genau diese gefragt sind.

Der *TWOS-Masterplan* bietet mit seinem logischen Aufbau, seiner klaren Struktur und Prozessorientierung unter Berücksichtigung aktueller (neuro-)wissenschaftlicher Erkenntnisse genau das richtige Konzept für eine Klientel, deren Stärken im kognitiven Bereich liegen. *TWOS* ist Coaching für Kopfmenschen und bedeutet, individuelle (Karriere-)Ziele durch Verbesserung der eigenen People Skills zu erreichen.

Weil die Entwicklung emotionaler und sozialer Kompetenzen letztendlich darauf einzahlt, weiter an persönlicher Stärke zu gewinnen, liegt der Hauptfokus dieses Buches – wie in meiner gesamten Arbeit als Coach – auf den Stärken eines Menschen. Zwar wurde schon viel über das Thema geschrieben. Aber ist deshalb wirklich schon alles gesagt? Obwohl längst nachgewiesen ist, dass persönliche Stärke und persönlicher Erfolg in kausalem Zusammenhang stehen und es daher keiner zusätzlichen Beweisführung bedarf, hat sich der stärkenfokussierte Ansatz noch längst nicht überall durchgesetzt – jedenfalls nicht in letzter Konsequenz. Sieht man sich bei Konzernen, mittelständischen Unternehmen und Selbstständigen um, schreiben sich zwar viele das Motto »Stärken stärken« auf ihre Fahne, nur findet das meiner Erfahrung nach in der Praxis zu wenig Anwendung. Mitarbeiter werden nicht entsprechend ihren Stärken in Schulungen geschickt, sondern gemäß ihren Defiziten. Damit geht es immer noch nur um eines: Schwächen ausmerzen.

Als ich 2002 unter dem Namen *soul:ution* begann, Menschen mit beruflichen Anliegen professionell zu begleiten, war mir nicht klar, dass ich mehr mit der Wiederherstellung von deren Selbstwertgefühl beschäftigt sein würde als mit den eigentlichen Sachverhalten, deretwegen sie mich aufsuchten. Die Gründe für das angeknackste Selbstwertgefühl lagen stets darin, dass andere sie oder sie sich selber auf ihre Fehler reduzierten. Für mich als Vertreterin der Transaktionsanalyse mit der Grundeinstellung »Ich bin okay – du bist okay« war es traurig, mit anzusehen, wie gestandene Frauen und Männer mit hängenden Köpfen dasaßen in der Hoffnung, irgendein Wundermittel zu erhalten, mit dem sie wieder richtig »funktionieren« würden. Das jedoch war nicht mein Verständnis von Coaching. Auch wenn ich längst wusste, dass die meisten Menschen defizitorientiert sind, fragte ich mich: Muss jemand mit Schwierigkeiten in einem bestimmten Bereich gleich als Versager gebrandmarkt oder gar pathologisiert werden? Ist es nicht vielmehr so, dass mit ihm grundsätzlich alles in Ordnung ist und er nur ein für ihn oder sein Umfeld ungünstiges Verhalten an den Tag legt? Kann man auf dem Weg, den man mit ihm geht, das Augenmerk nicht erst auf das Positive richten, auf das, was funktioniert, um die Fähigkeiten und Ressourcen herauszufiltern, die für die Bearbeitung des Lernfeldes nützlich erscheinen? Die Antwort lautet: Ja, man kann nicht nur, man sollte auch! Indem wir statt unserer Schwächen unsere Stärken in den Fokus rücken, werden diese zum Leitbild unserer Entwicklung.

Das war die Geburtsstunde von *To Win On Strength* – was nicht heißen soll, dass die Methode über Nacht entstanden ist. Immerhin handelt es sich um kein Retorten-Baby, sondern um etwas über die Jahre Gewachsenes, genauer gesagt, um die Summe all meiner Kenntnisse und Erfahrungen als Führungs-Coach. Infolgedessen wurde *soul:ution* in *TWOS* [sprich: twoss] umfirmiert und mein Profil geschärft.

Nachdem Logo und Methode rechtlich geschützt waren, ging am 8. Januar 2009 die neue Website online. Allein die Tatsache, dass ich im Jahr der Bankenkrise, als alle auf Sparkurs gingen, von über 40 namhaften Unternehmen eingeladen wurde, den patentierten *TWOS-Masterplan* vorzustellen, bestätigte mir, auf dem richtigen Weg zu sein. Bis heute hat sich dieses Konzept in Hunderten von Coachingprozessen bewährt.

Oh, werden Sie jetzt möglicherweise sagen, da scheint mal wieder einer dieser Positiv-Coaches unterwegs zu sein! Botschaften des Stärke-Denkens tauchen nämlich in schöner Regelmäßigkeit und in unterschiedlichsten Gewändern auf. Dabei wird oft übersehen, dass jeder Mensch sich durch Stärken *und* Schwächen auszeichnet – und diese sich je nach Kontext sogar ins jeweilige Gegenteil verkehren können. Eine zur Pflicht anhaltende Gewissenhaftigkeit behindert dann unter Umständen flexibles Anpassen. Gutwilliges Kooperieren erschwert das Durchsetzen eigener Ideen. Defizite wie das übergenaue Kontrollieren von Arbeitsergebnissen mutieren wiederum ganz schnell zur Stärke in Situationen, in denen Sicherheit und Qualität oberste Priorität haben. Selbst wenn jemand beruflich ideal aufgestellt ist und all seine Qualitäten mit einbringen kann, wird es immer wieder Bereiche oder einzelne Aufgaben geben, die ihm weniger liegen. Dabei macht es meiner Erfahrung nach einen eklatanten Unterschied, ob diese aus einer defizitären Haltung heraus buchstäblich »in Angriff genommen« oder aber in dem (Selbst-)Bewusstsein, eine Vielzahl von Ressourcen an Bord zu haben, zielstrebig angegangen werden.

*TWOS* rückt konsequent und systematisch Ihre Stärken in den Fokus. Das überraschend Neue der Methode besteht darin, dass dies nicht nur auf Gebieten geschieht, auf denen Sie bereits Präferenzen haben und Höchstleistungen anstreben, sondern auch dort, wo Sie sich als weniger leistungsfähig erleben. Anders als bei vielen stärkenfokussierten Ansätzen werden die unerwünschten Anteile nicht irgendwie »weggemacht«, sondern bei der Lösungsfindung bewusst mit herangezogen. Denn eine Möglichkeit, seine Stärken zu finden, liegt darin, sie bei seinen Schwächen zu suchen. Indem deren gewinnbringende Seiten herausgefiltert und zur richtigen Zeit in der richtigen Dosis und im richtigen Kontext eingesetzt werden, können Sie sogar Kapital aus ihnen schlagen. *TWOS* führt Sie mit innovativen Ansätzen und unter konsequenter Nutzung eigener Ressourcen schnell und effizient zum Ziel. In nur fünf Schritten werden Sie automatisch an persönlicher Stärke dazu gewinnen. Garantiert!

Um *TWOS* einem breiten Publikum zugänglich zu machen, stand eine Publikation schon länger an. Zwar habe ich bereits mehrfach Artikel zu diesem oder ähnlichen Themen in Fachzeitschriften veröffentlicht und auch Interviews gegeben, was aber bislang noch fehlte, war eine stringente und umfassende schriftliche Ausarbeitung meiner Methode in Form eines Buches. Diese Lücke schließt nun der vorliegende Ratgeber, dessen Zweck und Qualität überdies in seiner Praxisnähe sowie den zahlreichen konkreten Inputs für die Leserinnen und Leser begründet liegen. In unserer volatilen (Arbeits-)Welt werden wir immer wieder vor neue Herausforderungen gestellt. Der Veränderungsbedarf in den Unternehmen ist dabei derart groß, dass er zentral kaum noch erfasst und wegen seiner Vielschichtigkeit auch mit den üblichen Personalentwicklungsmaßnahmen oft nicht mehr abgedeckt werden kann. Das heißt konkret: Mitarbeiter müssen mehr und mehr selbst dafür sorgen, dass sie auch künftig über die benötigten Kompetenzen verfügen. Von daher bin ich der festen Überzeugung, dass der Ausbau von persönlicher Stärke für jeden von Nutzen ist. Meine Hauptzielgruppe bleiben aber die Führungskräfte. Denn auch wenn Coaching inzwischen nicht mehr nur vom Top-Management in Anspruch genommen wird, sondern sich auf alle Managementebenen sowie Freiberufler ausgeweitet hat, sind die meisten Personen, die eine Veränderung oder Leistungssteigerung anstreben, mit Führungsaufgaben betraut.

Am Ende ist das vorliegende Buch weniger ein wissenschaftliches als teilweise sogar ein recht persönliches Buch geworden. Der persönliche Ansatz war mir deshalb so wichtig, weil ich keine Expertin mit erhobenem Zeigefinger sein wollte. Unter der Prämisse, dass ein Grundziel des Coachings die Hilfe zur Selbsthilfe ist, war es mein Ziel, professionelles Wissen verständlich und für viele Lebens- und Berufsbereiche für den Leser nutzbar aufzubereiten und damit den Selbstreflexionsprozess zu unterstützen. Die ausgewählten Übungen orientieren sich an den wichtigsten Anliegen von Klienten, sie sind praxisnah und erprobt und für den Anwender ohne großen Aufwand umsetzbar. Sie sollen Sie als Leserin und Leser in einen Kreativitätsmodus versetzen, der dabei hilft, auch schwierige Fragestellungen mit Lust anzugehen. Angereichert mit anschaulichen Fallbeispielen, aufschlussreichen Selbsttests sowie nützlichen Praxistipps ist »Coaching für Kopfmenschen« ein schnörkelloser Ratgeber für die Praxis.

Sie möchten beruflich Karriere machen oder besser mit den Kollegen klarkommen? Sie möchten als Selbstständiger ein Business aufbauen, das wirklich zu Ihnen passt? Sie wollen sich von der Führungskraft zur Führungspersönlichkeit entwickeln? Dann sind Sie hier genau richtig. Lassen Sie sich von mir zu Ihren inneren Sehenswürdigkeiten führen. Sie werden staunen, wozu Sie fähig sind! Legen Sie gleich los und begeben Sie sich auf die vielleicht spannendste Reise Ihres Lebens, an deren Ende Sie stärker denn je sein werden.

## Aufbau und Verwendung des Buches

Dieses Buch enthält mit dem *TWOS-Masterplan* ein professionelles und praxiserprobtes Konzept, das in fünf Stufen aufgebaut ist. Nach einer kurzen Erklärung zu den Begriffen »Kopfmensch« und »Stärke«, werden Sie zum Zwecke Ihrer persönlichen Entwicklung schrittweise durch die einzelnen Module geleitet. Alle Module werden so präzise und praxisnah beschrieben, dass Sie die einzelnen Bausteine sofort umsetzen können. Sie finden sowohl Übungen und Fallbeispiele als auch Tipps und Tricks, wie Sie etwas besser angehen und umsetzen können. Im Anhang (Toolbox) finden Sie als Ergänzung einen Fragebogen zur strukturierten Selbstreflexion. Relevante Inhalte sind jeweils an den Kapitelenden zu einem Fazit zusammengefasst.

Last but not least erfahren Sie in den Kapiteln »Stärken-Turbos« und »Stärken-Killer«, wie Sie für sich optimale Voraussetzungen für *To Win On Strength* schaffen respektive negative Einflüsse auf Ihre persönliche Entwicklung identifizieren und ausschalten können. Zahlreiche Motivationsstrategien in Stufe 5 des Masterplans unterstützen Sie dabei, konsequent durchzuhalten.

Zu dieser spannenden Reise gehört selbstverständlich ein Reise-Tagebuch. Es hilft Ihnen, viele wertvolle Erfahrungen, Erkenntnisse und Pläne festzuhalten und kontinuierlich im Auge zu behalten. Regelmäßige Eintragungen regen dazu an, sich selbst genauer zu beobachten und die eigenen Gefühle bewusst zu machen. Erkenntnisse werden zudem klarer, wenn man sie formulieren muss. Dazu sind keine langen Aufsätze erforderlich. Notieren Sie sich stichwortartig, was Sie besonders bewegt, welche Erinnerungen Ihnen kommen, und versuchen Sie, insbesondere auch lange unterdrückten Gefühlen nachzuspüren.

Widmen Sie Ihren Beziehungen zu anderen Menschen besondere Aufmerksamkeit. Wie haben Sie auf andere reagiert? Wie gut können Sie bereits mit Ihren Mitmenschen umgehen? Vermerken Sie all Ihre Erfolge: Was haben Sie erstmals geschafft und über welche neuen Verhaltensmöglichkeiten verfügen Sie jetzt?

So wie Gehirnforscher herausgefunden haben, dass wir uns Informationen am besten merken, indem wir sie aufschreiben, lernen wir auch am besten, wenn wir etwas selbst tun. Wissen mag zwar Macht sein, aber das Wissen allein führt noch zu keiner Verhaltensveränderung. Statt die gewonnenen Erkenntnisse und Verhaltensalternativen ständig im Kopf durchzuspielen, sollten Sie diese mit Emotionen verknüpfen, das heißt auch selbst erfahren. Am effektivsten ist es deshalb, wenn Sie sich erst Notizen machen und die einzelnen Übungen dann *sofort* in die Praxis umsetzen. Auch hier gibt es Erfahrungswerte, die besagen, dass 99 Prozent aller Vorhaben und Absichten, mit deren Umsetzung nicht *innerhalb von 72 Stunden* begonnen wird, niemals realisiert werden.

Verwendete Bezeichnungen und Titel, die einem marken- und urheberrechtlichen Schutz unterliegen, werden nur zu informatorischen Zwecken genannt. Um den Lesefluss nicht zu unnötig zu stören, wird – der Sprachkonvention folgend – durchweg die männliche Form für beiderlei Geschlecht verwendet.w Wiederholungen im Text sind gewollt. Nach dem Motto »Lectio lecta placet, decies repetita placebit« (auf Deutsch: »Wiederholung ist die Mutter aller Studien«) kann Wichtiges gar nicht oft genug erwähnt werden. Die Namen der in den Beispielen auftauchenden Personen sind frei erfunden. Namensgleichheiten mit real existierenden Menschen wären rein zufällig.

Zitate und Eigennamen sind in Kursivschrift gesetzt, relevante Begriffe in Fettschrift hervorgehoben.

Einige Materialien und Übungsunterlagen können Sie auch kostenlos zur einfacheren Bearbeitung und zum nachhaltigen Vorhalten als »Übungsheft« herunterladen unter: **https://www.elke-antwerpen.de/downloads/gratis-vorlagen**

Diese Materialien sind zum schnellen Erkennen mit einem QR-Code versehen.

Folgende Icons werden Ihnen das Auffinden der Fallbeispiele, Übungen etc. erleichtern:

Übung 

Fazit 

Fallbeispiel 

Tipp 

Protagonist 

Download

Zum Schluss noch eine Anmerkung zur Verwendung der *TWOS-Methode*: Wirkung und Zielerreichung hängen wesentlich von Ihrer Bereitschaft ab, sich auf die Prozesse einzulassen und sämtliche Stufen des *TWOS-Masterplans* auch aktiv zu durchlaufen. Coaching ist ein Prozess des An-sich-selbst-Arbeitens. Es erfordert neben dem Engagement in eigener Sache auch Reflexionsfähigkeit und Mut zur Veränderung. Die Motivation und Umsetzung sowie das Vertrauen in sich selbst sind Grundvoraussetzung für ein gutes Gelingen.

# 1 Kopf oder Bauch?

Wir Menschen besitzen dank unseres hoch entwickelten Gehirns die Fähigkeit zu analysieren und logisch zu denken. Wir handeln jedoch keineswegs rein rational. Vielmehr bestimmen sowohl unsere Gefühle als auch unser Verstand unser Verhalten. Trotzdem wird im Allgemeinen zwischen nüchternen, zahlenorientierten »Kopfmenschen« und den emphatischen, kommunikativen »Bauchmenschen« unterschieden. Während die einen auf ihr Gefühl vertrauen, setzen die anderen auf Fakten. Auch wenn die Reinformen dieser beiden Typen eher selten anzutreffen sind, scheint das Potenzial für Missverständnisse und Konflikte recht groß. Denn mit der Feststellung der Andersartigkeit kommt oft die Diskriminierung. Dann heißt es: Der Verstandesmensch schaltet die Emotionen aus, weil sie ihn vom klaren Denken abhalten, während der Gefühlsbetonte Entscheidungen aus reiner Ratio gerne als unmenschlich bezeichnet und verachtet.

Seit Jahrhunderten wird ausgehend von den Protagonisten *Immanuel Kant* (deutscher Philosoph, 1724-1804) und *David Hume* (schottischer Philosoph, 1711-1776) die Vernunft dem Gefühl als Grundlage von Entscheidungen derart gegenübergestellt, dass man fast den Eindruck gewinnen könnte, dass es sich bei den beiden Parteien um Gegensätze handelt, die einander vollkommen ausschließen. Heute gilt jedoch als gesicherte Erkenntnis, dass Gefühle und Vernunft keine Antagonisten sind. Jeder gesunde Mensch lässt sowohl den Verstand als auch Gefühlsimpulse in seine Entscheidungen einfließen. Der Unterschied liegt lediglich in der Gewichtung.

Hinzu kommt, dass die Gegenüberstellung beider Instanzen auf mindestens zwei Irrtümern basiert: Zum einen ist nicht der Bauch, sondern das limbische System im Gehirn für den Gefühlszustand verantwortlich. Denn natürlich denken weder Magen noch Herz. Vielmehr werden die – zum Teil diffusen – Signale aus dem Körper mit dem Situationskontext abgestimmt und zu einem Gefühlseindruck konstruiert.

Unser emotionales Erfahrungsgedächtnis enthält eine umfassende Sammlung von persönlichen Lebenserfahrungen. Denn jedes Ereignis in unserem Leben haben wir einmal als angenehm oder unangenehm bewertet und entsprechend abgespeichert. Steht eine Entscheidung an, erzeugt das Gehirn automatisch Bilder von möglichen Szenarien, die wie ein Film vor unserem inneren Auge ablaufen. Dieser Film wird dann unbewusst und binnen kürzester Zeit mit ähnlichen Situationen aus unserem Erfahrungsschatz verglichen. Findet sich ein entsprechendes Szenario, wird die ursprüngliche Emotion wachgerufen und zeigt sich nun zum Beispiel in Form von Magendruck oder Herzrasen. Was wir als Bauchgefühl, Unterbewusstsein oder Intuition bezeichnen, ist damit nichts anderes als die Summe all unserer Erfahrungen, was die kognitiven Erkenntnisse selbstverständlich mit einschließt. Von daher ist auch oft von »Erfahrungswissen« die Rede.

Zudem weist Management-Expertin *Nadine Bausback* in ihrer Untersuchung des Spannungsfeldes Rationalität und Emotionalität berechtigterweise darauf hin, dass das Gegenteil von »rational« keineswegs »emotional« ist, wie uns die Zweiteilung von Kopf und Bauch suggerieren will, sondern »irrational«, ebenso wie das Pendant zu »emotional« nicht »rational« lautet, sondern »emotionslos«. Daraus abzuleiten, dass Menschen mit Hirn weniger Herz haben, wäre allerdings unzulässig. Selbstverständlich haben auch vernunftgeprägte Menschen Gefühle, sie tragen diese nur weniger nach außen. Somit lässt sich allenfalls behaupten, dass es ihnen an Ausdrucksstärke mangelt, was je nach sozialer und beruflicher Rolle in unserer Kultur sogar gefördert wird. So unterliegt insbesondere der Ausdruck von Wut und Ärger einer starken moralischen Wertung: Da hat sich jemand nicht unter Kontrolle oder verhält sich höchst unprofessionell. Oder es erscheint in bestimmten Situationen (z. B. in Verhandlungen) taktisch klüger, seine Gefühle zu verbergen. Ein »Pokerface«, das heißt die demonstrativ zur Schau gestellte Emotionslosigkeit, soll verhindern, dass vom Gesprächspartner Rückschlüsse auf die eigene Gefühlslage gezogen werden können.

Im Widerspruch dazu steht, dass gegenseitiges Vertrauen und eine feste Verbindung – ob gegenüber Freunden, Kollegen oder Mitarbeitern – das genaue Gegenteil erforderlich machen. Führung wird als die Fähigkeit angesehen, andere anzuleiten und zu entwickeln, sich in diese hineinzuversetzen und sie bestmöglich für die gemeinsamen Ziele zu begeistern (Hinterhuber, 2004). Zudem birgt permanentes Maskieren seiner Gefühle die Gefahr, irgendwann tatsächlich weniger (intensiv) zu empfinden. Es gibt wissenschaftliche Studien (Strack, Martin und Stepper, 1988), die zeigen, dass der Gesichtsausdruck Rückwirkung auf das eigene Erleben hat. Wenn ein gut gelaunter Mensch längere Zeit ein mürrisches Gesicht aufsetzt, verschlechtert sich automatisch seine Stimmung. Dieses Phänomen bezeichnet man als »Facial Feedback«. So kann eine in frühen Jahren angewöhnte oder gar anerzogene Ausdruckslosigkeit verhindern, dass sich Gefühle überhaupt erst entwickeln.

Die Verwechslung von »Emotionalität« und »Ausdrucksstärke« dürfte auch mitverantwortlich sein für die Vorstellung, dass Männer rational denken und handeln, während Frauen emotionaler sind. Dieses über Jahrtausende alte Bild ist unter anderem auf die Ansichten und Schriften des griechischen Philosophen *Aristoteles* (384-322 v.Chr.) zurückzuführen, der behauptete: *»Die Frau ist mitfühlender als der Mann, eher zu Tränen geneigt.«* Männer seien hingegen rational, wie er an anderer Stelle bemerkte. (Debold, 2014)

Wie tief sich diese These in die kollektive Psyche eingegraben hat, zeigt eine *Gallup-Umfrage* von 2001, die zu dem Ergebnis kam, dass 90 Prozent der Befragten der Ansicht seien, die Bezeichnung »emotional« treffe eher auf das weibliche Geschlecht zu. Zwar wissen die Neurowissenschaftler, dass sich männliche und weibliche Gehirne in ihrer Struktur unterscheiden, den ultimativen Beweis, dass anatomische Abweichungen auch Unterschiede im Denken begründen, blieben sie bisher jedoch schuldig. Die pauschale Kategorisierung von männlich und weiblich innerhalb der Polarität von rational und emotional ist demnach ebenso wenig zulässig wie die Behauptung, dass Kopfmenschen emotionslos sind, während Bauchmenschen stets unlogisch handeln.

Da es sich jedoch sehr wohl beobachten lässt, dass es Menschen gibt, die überwiegend vernunftgesteuert sind, ebenso wie es Menschen gibt, die vorrangig ihrer Intuition folgen, schlage ich vor, bei der gebräuchlichen Unterteilung in Kopf- und Bauchmenschen zu bleiben. Wir behalten dabei im Hinterkopf, dass beide Begriffe nur Tendenzen beschreiben und etwas simplifizierend sind.

## 1.1 Wann Sie auf Ihre Vernunft hören sollten und wann nicht

Logisches Denken hat in unserem Berufsleben einen hohen Stellenwert und gilt als Garant für solide Erkenntnisse, tragfähige Lösungen und ausgewogene Urteile. Es zeichnet sich dadurch aus, dass Fakten zusammengetragen, diese ausgewertet und Pro und Kontra abgewogen werden, um für die Erreichung des angestrebten Ziels die richtigen Mittel und Wegen zu wählen. Logisches Denken befähigt uns zudem, Ursache und Wirkung sowie Zusammenhänge zu erkennen. In Bezug auf die (Selbst-)Disziplin dürfte die Vernunft oft unser letzter Rettungsanker sein, bevor wir in unerwünschte Verhaltensweisen abdriften.

Geht es aber darum, eine Situation in Sekundenbruchteilen einzuschätzen und schnell zu handeln, ist der analytische Verstand ein viel zu schwerfälliges Instrument. Bis das Gehirn so richtig in Schwung gekommen ist und sämtliche »Daten« verarbeitet sind, ist vergleichsweise viel Zeit vergangen und nicht selten eine Chance vertan. Hinzu kommt, dass es selbst bei noch so sorgfältigem Arbeiten keine absolute Sicherheit gibt, alles bedacht und richtig bewertet zu haben. Rationale Argumente sind nie wirklich vollständig und bei komplizierten Themen wird die Pro-und-Kontra-Liste viel zu lang, um noch sinnvoll das eine gegen das andere abwägen zu können. Die Wirklichkeit als Ganzes ist zu komplex, als dass sie sich allein mit logischen Instrumenten analysieren ließe. An großer Komplexität scheitern wir auch oft allein deshalb, weil wir uns nicht lange genug konzentrieren können. Wir verlieren den Überblick, verzetteln uns in Details und übersehen wichtige Faktoren. Letzteres gilt auch für die gezielte Komplexitätsreduktion, denn dabei laufen wir ebenso Gefahr, Wesentliches außer Acht zu lassen.

Zu den größten Nachteilen von Rationalität zählt die Tatsache, dass sie vergleichsweise wenig Energie erzeugt. Mit anderen Worten: Sie überzeugt, aber sie reißt nicht mit. Nach einer detaillierten Analyse und faktischen Gegenüberstellung von Für und Wider kann es sein, dass wir zwar genau wissen, was richtig wäre, aber nicht die geringste Motivation verspüren, das Vorhaben in die Tat umzusetzen.

## 1.2 Wann Sie auf Ihren Bauch hören sollten und wann nicht

Das Bauchgefühl – auch Intuition – beschreibt die Fähigkeit, eine Situation oder eine Person zu erfassen, ohne den Verstand bewusst einzusetzen. »*Das Herz hat seine Gründe, die die Vernunft nicht kennt*«, schrieb der französische Mathematiker und Philosoph *Blaise Pascal* (1623–1662). Und tatsächlich: Viele Entscheidungen, die der Mensch trifft, lassen sich mit Vernunft weder erklären noch verstehen, führen aber zu dem richtigen Ergebnis. Intuitiv nehmen wir aktuelle Situationen wahr und erfassen Veränderungen, bevor sie uns bewusst werden. Intuition funktioniert besonders gut, wenn wir nicht alles wissen und uns bei der Bewertung hauptsächlich auf unsere Erfahrungen verlassen müssen. Zu den großen Stärken der »inneren Weisheit« zählt, dass sie schnelle Entscheidungen ermöglicht und Begeisterung mobilisieren kann.

Das Bauchgefühl ist vor allem für diejenigen nützlich, die täglich mit neuen Situationen oder unbekannten Menschen zu tun haben. Führungskräfte zum Beispiel, die ihre Mitarbeiter gegen deren Willen für Veränderungen gewinnen müssen, werden diese Herausforderung nicht allein auf rationaler Ebene meistern. Dies wäre ähnlich erfolgreich wie der Versuch, Liebeskummer mit mathematischen Formeln zu lindern. In beiden Fällen dürfte eine emotionale Ansprache effektiver sein. Während sich die Freundin in ihrem Herzschmerz mit tröstenden Worten empathisch abgeholt fühlt, steuern Führungskräfte ihre Mitarbeiter erfolgreicher, wenn sie eine starke Identifikation mit dem Unternehmen und dessen Zielen herstellen.

Das stellt aber keinen Freibrief dar. Genau wie die Ratio nicht zwangsläufig zu den richtigen Ergebnissen führt, ist auch der Bauch nicht unfehlbar. Wer beim Skifahren aus dem Gleichgewicht gerät und reflexartig seinen Oberkörper in die Rücklage bringt, wird erst recht von den Brettern gerissen. Um den Sturz zu verhindern, wäre es zielführender, sich kontraintuitiv nach vorne zu beugen. Auch bei anderen Gelegenheiten zeigen sich die Tücken der intuitiven Entscheidung. So haben sich schnelle Vertragsunterzeichnungen im Nachhinein schon oft als Fehler erwiesen, vor allem, wenn der Verkäufer Tricks anwendet, um »falsche Intuitionen« wie beispielsweise eine künstliche Verknappung zu wecken. Die Jagd auf vermeintliche Schnäppchen vernebelt unser Gehirn, das vor lauter Vorfreude auf die Belohnung den Befehl erteilt, rasch zuzugreifen. Die Wurzeln cleverer Verhaltensweisen reichen bis in die Zeit, als wir noch auf die Jagd gingen oder selbst gejagt wurden – nur, dass wir damals nicht mit Glückshormonen, sondern mit dem Überleben belohnt wurden.

Wenn wir heute unter Druck geraten, verleitet uns der Bauch dazu, uns schnellstmöglich davon zu befreien, statt uns danach zu richten, was strategisch das Richtige wäre und welcher der effizienteste Weg zum Ziel ist. Im Nachhinein fragen wir uns dann oft, warum wir überhaupt so entschieden haben. So schnell wie aus einer Situation heraus Gefühle entstehen, so schnell sind sie auch wieder verflogen.

## 1.3 Wie Sie Fühlen und Denken in Einklang bringen

Wer hat im Leben die besseren Karten – derjenige, der dem Verstand folgt, oder derjenige, der seiner Intuition mehr vertraut? Untersuchungen dazu gibt es viele, die Ergebnisse sind konträr. Während das Gefühl einen brauchbaren Anker darstellt, wenn Entscheidungen komplex oder die geistigen Ressourcen dafür begrenzt sind, überprüft der Verstand die Faktoren, um sicherzugehen, der richtigen Eingebung zu folgen. Der Königsweg dürfte – wie so oft – die Mitte sein: Er liegt im Zusammenspiel beider Faktoren. Dabei kommt es auf die richtige Gewichtung und Strategie an.

Erfolgreiche Führungskräfte schöpfen das gesamte Potenzial aus und bringen Fühlen und Denken perfekt in Einklang. Sie benutzen die Ratio für eine analytisch saubere Fundierung von Ziel und Wegbeschreibung, um nicht mit Volldampf in die falsche Richtung zu marschieren. Darüber hinaus sorgen sie dafür, dass die kognitiv gewonnenen Einsichten von einem emotionalen Konsens getragen sind. Das erreichen sie, indem sie Verantwortung übernehmen, das Team vom Vorhaben überzeugen und sich entschlossen an die Umsetzung begeben.

Keines von beiden, weder Logik noch Intuition, stellt per se die bessere Alternative dar, sondern bildet jeweils das nützliche Gegenstück. Ein Vorgesetzter mit zu wenig Emotion handelt genauso falsch wie ein Vorgesetzter mit zu viel. Ziel muss es deswegen sein, die Integration beider Instanzen in Formen des Spürens, Wahrnehmens und Verstehens anzustreben. Rationalität und Emotionalität müssen so zusammengeführt werden, dass sich ihre jeweiligen Stärken kombinieren. Über

Selbstreflexion und Training gelingt es kognitiven Menschen, mehr auf die Bauchstimme zu hören, so wie auch eher intuitiv handelnde Menschen lernen können, rationalen Gedanken mehr Priorität zu geben. Allein dadurch werden wertvolle Perspektiven hinzugewonnen.

Konkret bedeutet dies: Wenn Sie vor einer Entscheidung stehen und weder Zeit noch Lust haben, viel darüber zu grübeln, fällen Sie diese besser aus dem Bauch heraus. Auch bei komplexen Situationen können Sie sich in aller Regel auf Ihr intuitives Erfahrungswissen verlassen. Handelt es sich dagegen um Entscheidungen mit weitreichenden Folgen, empfiehlt es sich, die ersten Impulse mit Fakten zu untermauern. Geben Sie Ihren »grauen Zellen« die Gelegenheit, die Entscheidung anhand vernünftiger Aspekte abzusichern oder notfalls zu revidieren.

Summa summarum lässt sich sagen:

- Ist das Vorhaben/Problem komplex oder sind die Variablen unbekannt? Drängt die Zeit oder sind die geistigen Ressourcen knapp? **Dann sollten Sie auf Ihre Intuition setzen.**
- Sammeln Sie mögliche Alternativen und schreiben Sie diese auf.
- Lassen Sie alles noch einmal kurz auf sich wirken. Hören Sie in sich hinein: Bei welcher Alternative habe ich das bessere Gefühl?
- Untermauern Sie Ihren Impuls mit Fakten und prüfen Sie im Nachhinein das Resultat, um festzustellen, dass Sie der richtigen Eingebung gefolgt sind.
- Ist das Vorhaben/Problem weniger komplex oder von nicht so hoher Bedeutung? Sind die Variablen bekannt? **Dann entscheiden Sie lieber rational.**
- Tragen Sie möglichst viele Fakten zusammen und erstellen Sie eine Pro-und-Kontra-Liste.
- Wählen Sie nach gründlichem Faktencheck die Lösung, die die meisten Vorteile bietet und dabei sinnvoll und logisch erscheint.
- Achten Sie auf Ihre Körpersignale: Fühle ich mich mit dieser Lösung gut oder verursacht sie mir ein komisches Gefühl?

## 1.4 Welcher Typ sind Sie?

Sie lesen gerade dieses Buch. Womöglich hat Sie bereits der Titel »Coaching für Kopfmenschen« angesprochen, weil Sie sich zu den eher rational denkenden und handelnden Menschen zählen. Jetzt haben Sie Gelegenheit zu überprüfen, ob Sie mit Ihrer Einschätzung richtig liegen. Die folgende Liste zeigt typische Merkmale beider Kategorien – allerdings ohne Anspruch auf Allgemeingültigkeit und Vollständigkeit.

| Kopfmenschen | Bauchmenschen |
|---|---|
| ◦ treffen Entscheidungen rational | ◦ treffen ihre Entscheidungen intuitiv |
| ◦ wägen Pro und Kontra ab und brauchen dadurch länger für ihre Entscheidung | ◦ neigen zu (vor-)schnellen Urteilen und Entscheidungen |
| ◦ fällt es schwer, Gefühle zu zeigen | ◦ sind nah am Wasser gebaut |
| ◦ können gut analytisch denken | ◦ können sich gut in andere hineinversetzen |
| ◦ wirken kühl und distanziert | ◦ wirken warmherzig und aufgeschlossen |
| ◦ verfügen oft über einen hohen IQ | ◦ verfügen oft über einen hohen EQ |
| ◦ sind erfolgreich in Berufen, die rationales Denken verlangen, z. B. Wissenschaftler, Techniker, Programmierer, Controller, Juristen, Steuerberater etc. | ◦ sind erfolgreich in Berufen, in denen soziale Kompetenzen erforderlich sind, z. B. Therapeuten, Erzieher, Lehrer, Sozialarbeiter, Altenpfleger, Krankenschwestern etc. |
| ◦ haben sich auch in kritischen Situationen oft gut unter Kontrolle | ◦ geraten schnell in Panik |
| ◦ wollen mit sachlichen Argumenten überzeugen | ◦ nehmen andere emotional mit |
| ◦ bewerten andere nach ihrer Leistung | ◦ sehen vor allem den Menschen dahinter |
| ◦ sind sachorientiert | ◦ sind menschenbezogen |

| Kopfmenschen | Bauchmenschen |
|---|---|
| ◦ sind objektiver, da sie nach Fakten beurteilen | ◦ lassen sich durch Meinungen beeinflussen |
| ◦ verhalten sich in emotionlen Situationen unsensibel | ◦ verhalten sich in emotionlen Situationen empathisch |
| ◦ interessieren sich für Technik, Informatik, Zahlen, Daten, Fakten | ◦ interessieren sich für menschliche Schicksale |
| ◦ definieren sich über ihre Arbeit | ◦ haben ihren Fokus auf Familie und Freunde |
| ◦ sprechen eine technische, auf Fakten basierende Sprache | ◦ sprechen eine emotionale Sprache, die Gefühle nach außen transportiert |
| ◦ sind introvertiert | ◦ sind extrovertiert |

**Abb. 1:** Typische Merkmale von Kopfmenschen und Bauchmenschen

**Fazit:** Verstand und Gefühl schließen sich nicht aus. Es handelt sich im Grunde um zwei Seiten ein und derselben Medaille. Statt sie gegeneinander auszuspielen, ist es sinnvoller, Logik und Intuition respektive Vernunft und Gefühl als komplementäre, sich ergänzende Erkenntnisformen zu betrachten, die beiderseits Chancen wie Risiken in sich bergen. Wer ein vollständiges Bild bekommen will, darf weder die Gefühle noch den Verstand ausblenden.

# 2 Empathie als zentrales Führungsinstrument

Einer der häufigsten Gründe, warum mich rational orientierte Führungskräfte aufsuchen, ist der Wunsch, im Kontakt mit anderen emotionalen Aspekten mehr Gewicht zu geben. Bei der Entwicklung emotionaler und sozialer Kompetenzen geht es deshalb vor allem um das Erlernen von Empathie.

Bei den Managern früher als »Psycho-Gedöns« belächelt, avancierte die Empathie in unserer monetär ausgerichteten Businesswelt binnen eines Jahrzehnts zum zentralen Führungsinstrument. McGregors »Theorie X«, wonach Menschen nur unter Druck arbeiten, ist widerlegt. Zahlreiche amerikanische Studien belegen: Mitarbeiter sind unter empathischer Führung durchaus zu Engagement, Verantwortungsbewusstsein und Eigenständigkeit in der Lage. Ein sozial kompetenter Vorgesetzter sorgt nicht nur für ein gutes Betriebsklima, sondern auch für steigende Umsätze. Somit gehört Empathie zu den relevanten Anforderungen, die heute an eine gute Führungskraft gestellt werden.

Es ist noch gar nicht so lange her, da gab es ein völlig anderes Verständnis von Führung in deutschen Unternehmen. Der Chef galt als oberste Respektsperson. Er allein fällte Entscheidungen und erteilte Befehle. Während sich in der Politik sukzessive das Mitbestimmungsrecht durchsetzte, hielt die Wirtschaft lange am autoritären und streng hierarchischen Führungsprinzip fest. Inzwischen hat sich das Bewusstsein der Unternehmer verändert, nicht zuletzt, weil die Anforderungen in der Wirtschaftswelt gewachsen sind. Im Zuge der Globalisierung ist vieles größer, weiter und schneller geworden. Kapital und Waren werden mittels moderner Technik ans andere Ende der Welt transferiert und Handelspartner sprechen nicht nur linguistisch betrachtet eine völlig andere Sprache. Wer hier nicht Schritt hält, befindet sich bald auf dem wirtschaftlichen Abstellgleis. Und wer weiter am Führungsprinzip »Befehl und Kontrolle« festhält, dem laufen über kurz oder lang die Mitarbeiter weg. Denn auch wenn es situationsbedingt nach wie vor sinnvoll sein kann, Befehle zu erteilen, sind sich die Experten einig: Ein motivierter Mitarbeiter leistet um ein Vielfaches mehr als einer, der lediglich Anweisungen befolgt. So hat sich nach dem Untertanentum und einer kurzen Phase der kollektiven Desorientierung (Laissez-faire) der demokratische Führungsstil als Königsweg erwiesen. Er zeichnet sich vor allem durch die Entfaltung der Kreativität und Förderung der Selbstständigkeit von Mitarbeitern aus. Bilanzzahlen, Lagerbestände, Unternehmensstrategien – all das ist nach wie vor existenziell wichtig für ein Unternehmen. Neben den Hard Facts gewinnen jedoch die Soft Facts zunehmend an Bedeutung. Wie erfolgreich ein Unternehmen ist, hängt immer auch von der sozialen Kompetenz seiner Führungskräfte ab.

Wie sehr dies zutrifft, zeigt sich am Beispiel des Themas Betriebsklima. Die emotionale Verfassung und Verhaltensweisen des Vorgesetzten bestimmen die Arbeitsatmosphäre, die wiederum unmittelbaren Einfluss auf die Leistung der Mitarbeiter hat. Neueste Untersuchungen in verschiedenen Unternehmensbranchen der USA ergaben, dass ein gutes Betriebsklima den Umsatz um bis zu 30 Prozent steigert – die positive Auswirkung auf Personal-Fluktuation, Krankheitsaufkommen und Arbeitsmoral inbegriffen. Für gute Stimmung im Team oder der Abteilung zu sorgen, macht sich also durchaus bezahlt. Die Führungskraft von heute trägt demnach nicht nur unternehmerische (Mit-)Verantwortung, indem sie Budgets verwaltet, Prozesse optimiert, Zielvereinbarungen definiert und vieles mehr. Sie ist Leitfigur, Mediator und Motivator in einer Person. Über das Ranking klassischer Führungstugenden gibt es zwar keine einheitliche Meinung, wohl aber über die Bedeutsamkeit von Empathie.

## 2.1 Was genau ist Empathie?

Jeder hat schon einmal von Empathie gehört und die meisten haben auch eine grobe Vorstellung davon, was Empathie bedeutet. Diese grobe Vorstellung macht die Diskussion über das Thema jedoch nicht gerade einfach, da jeder seine eigene Empathie-Definition mitbringt. Für den einen bedeutet Empathie »Mitgefühl«, für den nächsten »Verständnis«.

Der Begriff leitet sich vom griechischen Wort »empátheia« für »Einfühlung« ab und bezeichnet die Fähigkeit, sich in die Gedanken, Gefühle und das Weltbild von anderen hineinzuversetzen. Dabei geht es nicht darum, aus der eigenen Perspektive oder einer rationalen Sichtweise heraus zu werten, sondern die Welt mit den Augen des anderen zu betrachten und nachzuvollziehen, was ihn zu bestimmten Handlungen oder Meinungen bewegt. Demnach ist Empathie ein multidimensionales Konstrukt, bestehend aus kognitiven (dem Verstehen mentaler Zustände) und affektiven (der emotionalen Reaktion auf den Gemütszustand eines anderen, das Mitgefühl) Anteilen.

Wer bisher also glaubte, Empathie fände rein auf der emotionalen Ebene statt, der irrt. Erst das Beobachten, Wissen und Nachdenken über den anderen schafft Einsicht in dessen Gefühls- und Gedankenwelt. Durch das bewusste Erkennen der Emotionen und Bedürfnisse seines Mitarbeiters kann der Vorgesetzte sich ein klares Bild davon machen, mit wem er es zu tun hat, was er ihm zutrauen und welche Aufgaben er an ihn delegieren kann. Somit stellt die Fähigkeit der kognitiven Fremdwahrnehmung ein äußerst effizientes Orientierungs- und Informationsbeschaffungsmittel dar. Doch nicht nur das: Empathie ist eine wichtige Voraussetzung für einen respektvollen Umgang mit Mitarbeitern, Kollegen und auch Handelspartnern. Ein Defizit an sozialen Fähigkeiten kann eine Firma teuer zu stehen kommen.

Empathie allein prädestiniert nicht für den Chefsessel. Denn auch wenn sie eine zentrale Rolle spielt, zeichnet sich eine gute Führungskraft durch viele emotionale und soziale Kompetenzen aus. Wenn es beispielsweise an Eigenmotivation, Entschlossenheit oder Umsetzungskraft mangelt, kann Einfühlungsvermögen allein die fehlenden Aspekte kaum ausgleichen. Überall, wo Soft Skills gefragt sind, handelt es sich um ein Zusammenspiel mehrerer Komponenten. Doch wie sieht es im Fall von Defiziten in dem Bereich »Empathie« aus?

## 2.2 Empathie ist erlern- und trainierbar

Entwicklungspsychologischen Erkenntnissen zufolge gehört die Fähigkeit, mit anderen mental zu interagieren und in emotionale Resonanz zu treten, zur psychischen Grundausstattung des Menschen. Sie ist Teil unseres genetischen Erbgutes und gewährleistet unser Überleben. Ohne Empathie würden wir wohl kaum einander verstehen oder uns dem anderen zuwenden. Und wir würden dem Feind ins offene Messer laufen. Allerdings ist das Einfühlungsvermögen bei jedem Menschen unterschiedlich entwickelt. Die individuellen Unterschiede basieren auf biologischen Komponenten (Prädisposition) und Umwelteinflüssen. Wer nie oder nur selten Empathie erfahren hat, weiß schlichtweg nicht, wie es geht. Und wem allgemein für soziale Interaktionen nützliche Fertigkeiten sowie Selbstachtung, Ich-Stärke und Wahrnehmungsvermögen fehlen, dem dürfte es schwerfallen, sich auch nur gedanklich in andere hineinzuversetzen.

Bei der Förderung von Empathie bei Kopfmenschen geht es erst einmal um die Schulung der kognitiven Empathie. Darunter ist zu verstehen, dass Mitgefühl vornehmlich als Ergebnis einer rationalen Analyse entsteht, nicht als emotional geprägtes Gefühl. Über Übungen der Achtsamkeit und des Perspektivenwechsels gelingt es rationalen Menschen besser, mentale Zustände ihres Gegenübers zu erkennen und sensibler auf diese zu reagieren. Nur wer »versteht«, was in der anderen Person vorgeht, kann überhaupt mitfühlen. Um zum Beispiel eine gute Balance zwischen unternehmerischen Interessen und denen der Mitarbeiter zu erreichen, bedarf es bestimmter Informationen. Wenn also der Chef weiß, wie sein Mitarbeiter »gestrickt« ist, kann er ihn entsprechend motivieren, fördern und auch fordern. Er kann Gefühle wahrnehmen und emotionale Reaktionen verstehen, mit Differenzen umgehen und trotz Interessengegensätzen die Position anderer ernst nehmen. So lernt er, sich und andere in Stresssituationen besser einzuschätzen, kritischen Situationen vorzubeugen oder im Konfliktfall umsichtiger zu reagieren.

## 2.3 Voraussetzungen zum Erlernen von Empathie

Voraussetzung für das Erlernen von sozialen Kompetenzen ist die Bereitschaft zur Selbstreflexion. Logisch, dass jemand zunächst selbst in sich hineinhorchen und sein Verhalten analysieren, seine Fähigkeiten und Entwicklungsfelder realistisch einschätzen können sollte, bevor er sich auf den Weg macht, die innere Landkarte anderer zu erkunden. Nur wer sich selber gut führt, kann auch andere führen.

Um das Einfühlungsvermögen zu verbessern, müssen vor allem drei Eigenschaften trainiert werden:

1. das aktive Zuhören, um etwas über die Motive und Beweggründe des anderen zu erfahren;
2. die Schärfung der Sinneswahrnehmung auch in Bezug auf die Körpersprache;
3. das Vermeiden von Wahrnehmungs- und Beurteilungsfehlern.

Diese Aufgabenliste erscheint auf den ersten Blick leichter, als sie ist. Tatsächlich erfordert empathisches Können nicht nur ein gewisses Talent, sondern vor allem praktische Erfahrung. Übungsfelder stellen beispielsweise die monatlichen Befindlichkeits-Checks in Teambesprechungen dar. Durch die einfache Frage »Wie erleben Sie derzeit die Arbeitssituation?« erhält die Führungskraft wichtige Informationen über die aktuelle Stimmung im Team. Auch Mitarbeiterbeurteilungsgespräche eignen sich vorzüglich zur Einübung der genannten Fertigkeiten.

Natürlich zielen solche Übungen nicht allein darauf ab, die Gefühle von Mitarbeitern zu erforschen und diese zu befriedigen. Ebenso wenig wie es darum geht, dem Vorgesetzten ein seelenloses Werkzeug an die Hand zu geben, um im Sinne von Machiavelli, also aus reiner Berechnung, zu manipulieren. Es geht darum, eine von gegenseitigem Respekt und Vertrauen geprägte Beziehung herzustellen, eine gute Arbeitsatmosphäre zu schaffen und gemeinsame Ziele zu erreichen. Der unternehmerische Nutzen, der darin liegt, ist ebenso legitim wie der Wunsch des Mitarbeiters nach einem aufrichtigen Interesse an seiner Person. Emotionen sind nach wie vor das wichtigste Bindemittel zwischen Menschen. Sie halten ein Team zusammen und bewirken Loyalität.

**Fazit:** Eine gute Führungskraft sollte fähig sein, klar und analytisch zu denken und in der Lage, zu motivieren und zu lenken. Letztendlich ist es die Kombination von IQ und EQ, die eine erfolgreiche Führung ausmacht. Und je höher es die Karriereleiter hinaufgeht, desto mehr gewinnt Empathie an Relevanz. Sie stellt längst ein unverzichtbares Führungsmittel des modernen Managements dar.

# 3 Das Prinzip Stärke

Für Leser, die die Einleitung überschlagen haben und direkt ins Thema eingestiegen sind, folgt hier noch einmal die Erklärung, warum der Fokus dieses Buches auf den persönlichen Stärken liegt. Dieses Buch richtet sich nicht nur an stark rationale Menschen, sondern insbesondere auch an rational starke Menschen. Diese persönliche Stärke lässt sich mit der *TWOS-Methode* auch für die Weiterentwicklung von sogenannten **People Skills** (sozialen und emotionalen Kompetenzen) gezielt nutzen. Die Besonderheit der Methode besteht darin, dass aus schwächeren Persönlichkeitsmerkmalen deren gewinnbringende Seiten herausgefiltert und zur Weiterentwicklung genutzt werden. Anders als bei anderen stärkenfokussierten Methoden können demnach Anteile der Schwächen sogar Teil der Lösung sein.

Sich auf seine Stärken zu konzentrieren klingt selbstverständlich, wenn man schnell und nachhaltig Erfolg haben will. Ein Blick auf die Aus- und Weiterbildungsmaßnahmen deutscher Unternehmen zeigt allerdings oft genau das Gegenteil. Im Glauben, dass Mitarbeiter nur das lernen müssen, was sie nicht können, oder jeder alles gleich gut können sollte, dominiert die Sicht des Schwächeren. Die Ursache dafür sehen viele im Bildungssystem. Es ist ein Teil unserer Lernkultur, dass wir uns auf die Schwachstellen fokussieren, mit dem mühseligen Versuch, es in diesen Bereichen zumindest zu einer akzeptablen Leistung zu bringen. Manche meinen, mit viel Fleiß aus einer Schwäche gar eine Stärke machen zu können. Schon in der Schule gilt: Wenn in Mathe eine Fünf geschrieben wird, sind die Einsen in Englisch und Französisch sekundär. Anstatt dem Kind eine dritte Fremdsprache anzubieten, wird bis zum Anschlag Mathe gepaukt. Dabei erreicht es trotz großer Anstrengungen in diesem Fach höchstens Mittelmaß. So werden wir früh mit Misserfolg und Frustration konfrontiert und dem Gefühl, unzulänglich zu sein. Die eigentlichen Talente – unser Grundkapital für Zufriedenheit und Erfolg – werden als selbstverständlich hingenommen oder bleiben unentdeckt.

Dieses Dilemma setzt sich bis ins Berufsleben fort. Arbeitgeber achten meist primär auf die generelle Eignung, also darauf, ob der vorgegebene Wert an Eigenschaften gemäß dem Anforderungsprofil erfüllt ist. Formale Qualifikationen erhalten somit Priorität vor individuellen Stärken. Kaum jemand fragt danach, auf welchen Gebieten sich der Bewerber am stärksten fühlt, was er gerne macht und worin er sich weiterentwickeln möchte. Umso eifriger ist man dabei, durch Fortbildungen bei den Mitarbeitern jene Bereiche zu verbessern, in denen zuvor anhand aufwendiger Diagnostikverfahren Defizite ausgelotet wurden. Dies alles nur, weil sich hartnäckig das Vorurteil hält, das größte Entwicklungspotenzial läge in unseren Schwächen. Dabei steht längst fest: Für unsere Ziele sind die persönlichen Schwächen irrelevant. Niemand hat es bis ganz oben geschafft, weil er weniger Schwächen besitzt. Im Gegenteil – zu Spitzenleistungen bringt man es nur auf Gebieten, auf denen bereits Präferenzen liegen. Oder sind Ihnen die Schwächen von Steffi Graf, Steve Jobs oder Albert Einstein bekannt? Ich wette, deren Stärken schon.

Eine weltweite Studie des Schweizer-Gallup-Instituts, das 1,7 Millionen Mitarbeiter in rund 100 Unternehmen aus unterschiedlichen Branchen befragte, ergab, dass 20 Prozent der Befragten sich tatsächlich ihren Talenten entsprechend optimal eingesetzt fühlen. Im Umkehrschluss ergab die Studie, dass nahezu 80 Prozent der Berufstätigen weder das tun, was sie besonders gut können, noch, was sie gerne tun würden. Die Folgen sind mangelnde Motivation und Mittelmäßigkeit in den Betrieben. Da stellt sich die Frage: Warum schöpfen Unternehmen so wenig Nutzen aus den Stärken ihrer Mitarbeiter? Wieso mangelt es an der Erkenntnis, dass solche Denk- und Herangehensweisen Wachstum geradezu verhindern?

Die Perfektionierung eines Talentes erfolgt durch Training von Fertigkeiten sowie durch die Aneignung von Wissen. Aus Gründen der Effizienz wird dabei die Aktivierung bestehender synaptischer Verbindungen der Entwicklung neuer vorgezogen. Sinnvollerweise setzt man den Hebel eben dort an, wo die Wirkung am größten ist. Und auch in puncto Nachhaltigkeit hat sich gezeigt, dass nichts beständiger ist als unsere Talente. Sie vermitteln dauerhaft ein positives Gefühl, welches über eine Art Rückkopplungsmechanismus zur permanenten Verbesserung führt. Die Kausalkette sieht dabei wie folgt aus: Übungen im Stärkenbereich führen schnell und effizient zum Ziel. Der Erfolg spornt zum Weitermachen an. Die Grenze des eigenen Könnens wird immer weiter verschoben und das Ergebnis optimiert.

Dass die Dinge fast wie von selbst laufen, weil man in einen regelrechten Schaffensrausch gerät, kennen wir nicht nur aus Kindertagen, wenn wir auf etwas derart konzentriert sind, dass wir alles um uns herum vergessen. Der Psychologe *Mihaly Csikszentmihaly* bezeichnete diesen Zustand der völligen Hingabe als **Flow-Erlebnis**. Genau betrachtet handelt es sich bei dem Stärkenprinzip also um einen Selbstläufer. Denn würden Unternehmen mehr in die Entwicklung der individuellen Potenziale ihrer Mitarbeiter investieren, wären Motivationstrainings überflüssig. Wir alle brauchen einfach nur Aufgaben, bei denen wir unsere Stärken ausleben und gleichzeitig daran wachsen können. Genau darauf zielt *TWOS* ab. *To Win On Strength* bedeutet, den Fokus auf die Potenziale zu richten, Zugang zu den persönlichen Ressourcen zu finden und Erfolgsstrategien zu entwickeln, um die gesteckten Ziele zu erreichen.

Natürlich können und sollen Schwächen nicht ausgeblendet werden. Stärkenfokussiert zu arbeiten bedeutet schließlich nicht, die Realität zu verleugnen. Denn so viel steht fest: Selbst bei idealer Eignung für einen bestimmten Job werden wir unweigerlich mit Aufgaben konfrontiert, die neu sind, die auf den ersten Blick schwierig erscheinen oder uns überhaupt nicht liegen. Gehen wir jedoch den Weg über unsere Schwächen, verdichtet sich schnell das Gefühl des Versagens. Es entsteht Unsicherheit. Bei geringen Fortschritten, die mit großer Anstrengung erzielt werden, verlieren wir so insgesamt an Zugkraft, weil zu viel Energie in die falsche Richtung fließt. Wenn alle Scheinwerfer nur auf die die Defizite ausgerichtet sind, wirkt das sehr demotivierend. Die Fehler erscheinen überdimensional, die Kontraste härter, bis es am Ende nur noch Schwarz und Weiß gibt. Plötzlich empfinden wir eine große Diskrepanz zwischen dem, was wir sind, und dem, was wir gerne wären. Infolgedessen entsteht das Gefühl, ständig gegen uns selbst ankämpfen zu müssen. Wir geraten in eine Negativspirale, die alles andere als eine gute Ausgangsposition für eine positive Entwicklung darstellt.

Andererseits – richte ich den Scheinwerfer ausschließlich auf die »Schokoladenseite«, entsteht eine Illusion. Beides stellt Verzerrungen dar. Letztendlich sind es die Schattierungen, die ein Bild ausgewogen machen. Und wenn das Licht so gesetzt Ist, dass zwar das Schöne im Vordergrund steht, aber die Schatten durchaus noch Zeichnung haben, entsteht nicht nur eine realistische Darstellung, sondern der Mensch wird sich auch positiv entfalten können.

Führungskräfte sollten deshalb ihre Mitarbeiter so einsetzen, dass jeder seine Fähigkeiten einbringen kann, anstatt dafür zu sorgen, dass alle alles lernen. Es ist sehr viel sinnvoller, die Zusammenarbeit der einzelnen Mitarbeiter in der Art zu strukturieren, dass sie gemeinsam ein Spitzenteam bilden – unter anderem, weil sie sich so wechselseitig unterstützen und ihre individuellen Schwächen kompensieren.

**Zwischenfazit:** Würden Unternehmen ihre Mitarbeiter konsequent ihren Talenten entsprechend einsetzen, gäbe es weniger Mittelmaß und Frustration. Stattdessen würden mit Leidenschaft Spitzenleistungen produziert. Da aber sowohl das Bildungssystem als auch der Arbeitsmarkt primär auf die wirtschaftliche Leistungsfähigkeit ausgelegt sind, bleibt kaum Raum für die Förderung individueller Stärken. Mit anderen Worten: Wenn Sie sich nicht auf die Suche nach Ihren Stärken machen, tut es niemand!

## 3.1 Was ist Stärke?

Als der 57-jährige Flugkapitän *Chesley B. Sullenberger* seinen Airbus mit zwei ausgefallenen Triebwerken und 155 Menschen an Bord auf dem Hudson River in New York notlandete, sprach alle Welt von einem Wunder. Aus Sicht der Psychologen war aber vor allem eines passiert: Hier führte jemand vor, wie er im Ernstfall punktgenau das zu leisten imstande war, was er jahrzehntelang trainiert hatte.

Viele Menschen denken bei dem Wort »Stärke« an körperliche Kraft und Gesundheit. Wie das vorliegende Beispiel zeigt, kann allerdings eine andere Form viel bedeutender sein: die mentale Stärke. Sie entscheidet darüber, wie man mit Problemen, Sorgen und Stress umgeht. Nur indem der in Not geratene Flugkapitän die Nerven behielt, konnte er sein Leben und das aller Passagiere retten.

Handelt es sich bei »Stärke« um die Fähigkeiten, die bestimmen, wie wir mit anderen Menschen umgehen? Oder um unsere guten Charaktereigenschaften, nach denen in klassischen Bewerbungsgesprächen gerne gefragt wird? Woran erkennen wir unsere Stärken und wie lassen sie sich steigern? Das sind viele Fragen, auf die es ebenso viele Antworten gibt. Denn das Verständnis darüber, was mit »persönlicher Stärke« gemeint ist, variiert sowohl innerhalb der Fachwelt als auch im allgemeinen Verständnis. Um eine gemeinsame Kommunikationsebene zu schaffen, erläutere ich Ihnen meine Sichtweise.

Eine persönliche Stärke setzt sich zusammen aus dem angeborenen Talent, dem erworbenen Wissen und dem antrainierten Können. Als mathematische Formel würde diese Gleichung wie folgt lauten:

**Stärke = Talent + Wissen + Können**

Im Gegensatz zu den reinen Soft Skills sind hier sämtliche Kompetenzen gemeint, das heißt also neben den sozialen, kommunikativen, emotionalen, interkulturellen, methodischen und anderen Kompetenzen auch die fachlichen Fähigkeiten, die sich aus Wissen, Erfahrung und Training ergeben. Die Basis ist und bleibt aber das Talent.

## 3.2 Talent

Jeder Mensch besitzt mindestens ein Talent. Manche sind auf den ersten Blick erkennbar, andere fristen ein Schattendasein. Talente können sich auf verschiedenen Gebieten äußern wie beispielsweise in den Bereichen Sport, Kunst, Mathematik, Fremdsprachen oder im handwerklichen Geschick. Aber auch geistige Leistungen wie ein gutes räumliches Vorstellungsvermögen und grundlegende Charaktereigenschaften wie Ausdauer und Willenskraft fallen in diese Kategorie.

Bei dem Versuch einer genauen Begriffsdefinition, insbesondere in der Abgrenzung zu »natürlicher Begabung« und »angeborener Fähigkeit«, stößt man in der Fachliteratur auf recht unterschiedliche Ansichten. Es ergibt sich für mich kein eindeutiges Bild, weswegen ich im fortlaufenden Text diese drei Begriffe synonym verwende.

Während sich sowohl Wissen als auch Können durch Training steigern lassen, ist an der Talent-Schraube absolut nichts mehr zu drehen. Talent stellt eine feste Größe dar, und das Maß Ihrer persönlichen Stärke richtet sich immer an dem höchsten Maß Ihres Talentes aus. Angenommen, Sie verfügen über die natürliche Begabung, andere Menschen von Ihren Ideen überzeugen und mitreißen zu können. Ihr Motivationstalent hat auf einer Skala von eins bis zehn einen Wert von sieben. Sie können diese Stärke durch den Erwerb von Wissen und durch Training noch weiter steigern, sagen wir um zwei Punkte. Dann befindet sich der Gesamtwert Ihrer Stärke nun auf Ebene neun von insgesamt zehn. Als Motivator sind Sie also beinahe perfekt und es stellt sich mit der linken Säule folgendes Bild dar:

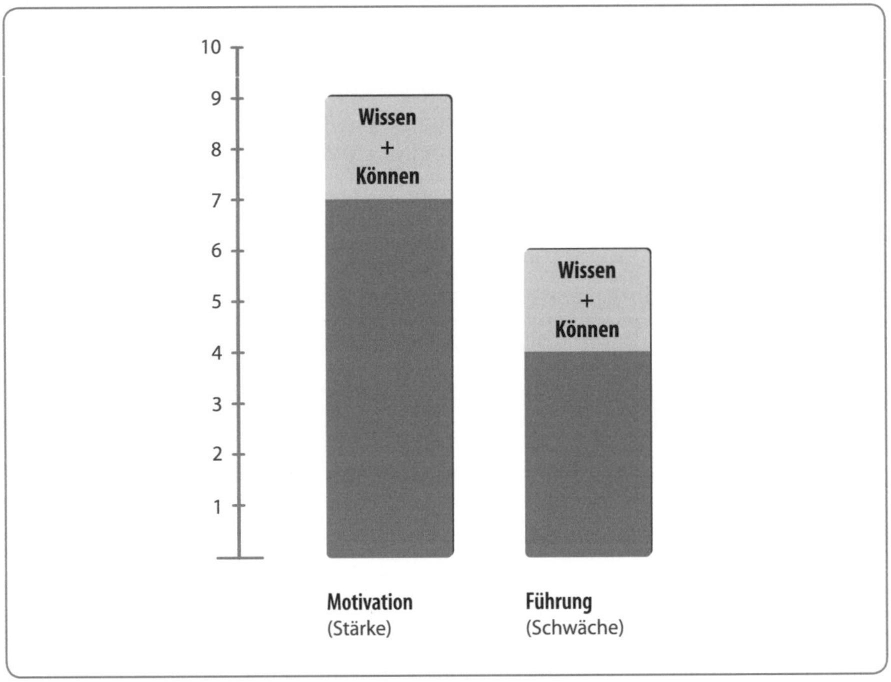


**Abb. 2:** Stärken-Skala am Beispiel Motivation und Führung

Nehmen wir weiter an, Ihre Fähigkeit zu führen ist mit einer schwachen Vier ausgeprägt. Hier lässt sich zwar auch noch etwas über die beiden genannten Komponenten verbessern, aber Sie landen allenfalls bei einer Sechs und damit im Mittelmaß. Wir sehen also, dass jeder Versuch, eine Schwäche in eine Stärke umzuwandeln, von vornherein zum Scheitern verurteilt.

Dazu gibt es eine sehr schöne Parabel, die ebenfalls verdeutlicht, welchen Vorteil es bietet, sich auf seine Stärken zu konzentrieren.

*»Ein Hund, ein Bär und eine Ente gingen vor einem wichtigen Wettkampf in ein Trainingslager. Im Eingangstest wurden ihre Fähigkeiten in den Disziplinen Laufen, Klettern und Schwimmen ermittelt. Wie nicht anders zu erwarten, war der Hund beim Laufen der schnellste, im Klettern kam der Bär auf Platz eins und im Schwimmen gewann die Ente mit großem Vorsprung.*
*Der Trainer entwickelte für jedes Tier einen individuellen Trainingsplan. Für die Ente, die ja die schlechteste im Klettern war, hieß dies, morgens und abends je eine Stunde Klettertraining und dafür auf das Schwimmen zu verzichten, denn hier war sie ja schon die Beste. Nach zwei Wochen wurden in einem Abschlusstest die Trainingserfolge gemessen. Die Ente hatte sich im Klettern zwar verbessert, kam aber dennoch nur auf Platz drei hinter dem Bären und dem Hund. Da sie aber so lange kein Schwimmen mehr geübt hatte, kam sie in ihrer Königsdisziplin ›Schwimmen‹ nur auf den zweiten Platz. Der Hund, als ehemals Zweitplatzierter, war schneller.«*

## 3.3 Wissen

So wie das Know-how der Mitarbeiter für Unternehmen ein wichtiger Wettbewerbsvorteil sein kann, so stellen besondere Kenntnisse in einem bestimmten Bereich auch für Sie ganz persönlich einen Erfolgsfaktor dar. Unternehmen müssen genau wie Sie abwägen, ob es sich lohnt, eigenes Wissen aufzubauen oder es von außerhalb zu beschaffen. Während es den einen genügt, sich durch das Lesen von Fachbüchern autodidaktisch fortzubilden, besuchen andere lieber ein Seminar oder lassen sich professionell coachen.

Damit sich überhaupt eine Lernbereitschaft entwickeln kann, müssen grundlegende Voraussetzungen erfüllt sein. Denn mit der reinen Informationsbeschaffung ist es nicht getan. Erst wenn eine Einstellung respektive Firmenkultur herrscht, in der es weder als Blamage noch als Schwäche gilt, wenn man etwas nicht weiß oder Fehler macht, öffnen sich Menschen für fremdes Wissen. Zudem teilen sie dann ihre eigenen Erkenntnisse und Erfahrungen auch bereitwilliger mit. Wenn sich zudem noch positive Veränderungen einstellen und das Erlernte auch tatsächlich verankert wird, kann sich neues Wissen etablieren. Wir alle kennen das Problem von frisch erworbenen Kenntnissen, die sich schneller verflüchtigen, als einem lieb sein kann. Während die Mathematikaufgabe im einen Moment anhand der neuen Formel noch plausibel erscheint, bekommt man sie ein paar Tage später nicht mehr hergeleitet. Stress und die Alltagsroutine verhindern das tägliche Rekapitulieren. Die Folge ist, dass unser Wissen schnell in Vergessenheit gerät. Deshalb sind wir gut beraten, uns neben der eigentlichen Informationsbeschaffung auch gleich Gedanken über Umsetzung und Nachhaltigkeit zu machen. Womit wir bei Punkt drei angelangt wären.

## 3.4 Können

Alles Wissen nützt nichts, wenn wir die gewonnenen Einsichten und Techniken nicht umsetzen und trainieren. Erst damit verfestigt sich das Können oder optimiert sich sogar. Denn auch wenn in unserer Parabel die Ente trotz harten Trainings in allen Disziplinen ihren Artgenossen unterlag, sollte man die Faktoren Motivation, Fleiß und Ausdauer keinesfalls unterschätzen. Das gilt vor allem für Präferenzbereiche. Denn dann macht Übung tatsächlich den Meister – jedenfalls nach 10.000 Stunden. So lange müssen Sie nämlich laut US-Psychologe *Anders Ericsson* durchhalten, wenn Sie es in Ihrer Paradedisziplin an die Weltspitze bringen wollen.

Selbst ein Ausnahmesportler wie Michael Schumacher wäre niemals Weltmeister in der Formel 1 geworden, hätte er nicht von Kindesbeinen an Runde um Runde auf der heimischen Kartbahn gedreht. Also ruhen Sie sich nicht auf Ihren Talenten aus, sondern üben Sie!

**Fazit:** Übung ohne Talent macht zwar noch keinen Meister aus Ihnen, aber Talent ohne Fleiß bringt Sie auch nicht voran. Umgekehrt sollten Sie sich nicht grämen, wenn die natürliche Begabung in einem bestimmten Bereich fehlt. Bei allem Streben nach Erfolg sollten Sie nicht vergessen: Nicht jeder muss eine Meisterschaft gewinnen, um mit sich und seiner Leistung zufrieden zu sein.

# 4 Stärken-Turbos: Optimale Voraussetzungen schaffen

Es gibt Menschen, die sind der Ansicht, für eine Stärke müsse man nichts mehr tun – man habe sie ja bereits. Möglicherweise verfolgen die gleichen Menschen auch bei ihren Partnerschaften solch eine Strategie: Ist das Objekt der Begierde erst einmal erobert, braucht man sich nicht mehr zu bemühen. Was in der Partnerschaft nicht funktioniert, ist auch in Bezug auf die persönliche Entwicklung eine fahrlässige Fehleinschätzung. *»Wer aufhört, besser zu werden, hat aufgehört gut zu sein!«*, mahnte deshalb der deutsche Porzellan-Fabrikant und Politiker *Philip Rosenthal* (1916-2001) und riet, sich bloß nicht auf seinen Lorbeeren auszuruhen. Selbst wenn am Talent nichts mehr zu schrauben ist, so lassen sich doch immer noch Wissen und Können steigern. Dann aber bitteschön an richtiger Stelle: Sich an seinen Schwächen abzuarbeiten kann zwar helfen, nicht zu scheitern, auf Dauer führt dies aber in eine Sackgasse. Der Aufwand ist hoch, der Erfolg bestenfalls Mittelmaß und die Stimmung angesichts dieses mühseligen Abstrampelns schnell im Keller. Wer mehr will, orientiert sich an seinen Stärken.

Viele verbinden mit einer starken Persönlichkeit bestimmte Fähigkeiten und Verhaltensweisen. Und natürlich machen neben biografischen Merkmalen wie Alter, Geschlecht etc. ebenso kognitive und physische Fähigkeiten eine Persönlichkeit erst aus. Aufgrund von Untersuchungen an eineiigen Zwillingen hat man festgestellt, dass die Vererbung dabei nur zu etwa 30 Prozent eine Rolle spielt, während Umwelt und Erziehung den weitaus größeren Anteil daran haben, ob jemand zu einer starken Persönlichkeit heranreift.

*»Charakter hat man. Eine Persönlichkeit wird man im Laufe des Lebens«*, war Psychiater *Viktor Frankl* (Begründer der Logtherapie und Existenzanalyse) der Ansicht. Zwar besitzt jeder eine Persönlichkeit, aber nicht zwangsläufig stellt er auch eine dar. Fest steht, dass eine starke Persönlichkeit eine Voraussetzung für herausragende Leistungen ist. Fachliche Qualifikationen sind demgegenüber nachrangig.

Sie kommen erst dann zum Tragen, wenn die Soft Skills stimmen. Diese reichen von der Entwicklung persönlicher Souveränität über den bewussten Einsatz der Stimme bis zur Herausarbeitung des Lebensziels.

Denke ich an Menschen mit einer starken Persönlichkeit, dann fallen mir Namen wie *Barack Obama*, *Mahatma Gandhi* und *Angela Merkel* ein. Aber auch eine Fußball-Legende wie Paul Breitner, einer der besten deutschen Spielmacher, Europa-Cup-Sieger und Weltmeister von 1974 sowie WM-Finalteilnehmer 1982. Kein anderer deutscher Spieler hat in zwei WM-Endspielen einen Treffer erzielt. Er ist der Prototyp des modernen Verteidigers und war später Spielgestalter im Mittelfeld. Ein Ausnahmetalent, das mit seiner unkonventionellen und rebellischen Art oft aneckte, sich aber nie den Mund verbieten ließ. Nicht einmal vor dem »Kaiser« machte Breitner halt – obwohl er gemeinsam mit Franz Beckenbauer den größten Erfolg seiner Karriere gefeiert hatte. Keine Frage, Paul Breitner hat deutsche Fußballgeschichte geschrieben. Er hat eine starke Persönlichkeit.

Folgende Soft Skills, die in den nächsten Abschnitten näher betrachtet werden, stellen optimale Voraussetzungen dar, um die eigenen Stärken zu entfalten bzw. sich zu einer starken Persönlichkeit zu entwickeln:

1. sich seiner selbst bewusst sein,
2. Verantwortung übernehmen,
3. Kritik konstruktiv nutzen,
4. Entscheidungen treffen.

Ein starker Mensch hat ein starkes Selbstbewusstsein.

## 4.1 Sich seiner selbst bewusst sein

Wenn Sie sich Ihrer Qualitäten bewusst sind, tragen Sie bereits alles in sich, was Sie brauchen, um stark zu sein. Starke Persönlichkeiten sind sich ihrer Fähigkeiten und ihres Wertes bewusst. Sie fühlen sich in dieser Welt willkommen und von ihren Mitmenschen angenommen. Sie konzentrieren sich auf das, was sie können, und akzeptieren ihre Schwächen, besitzen die Fähigkeit, Hindernisse als Chance zu begreifen, und stellen sich schwierigen Herausforderungen. Sie betrachten die Dinge klar und unvoreingenommen und können gut einschätzen, was für das Erreichen eines bestimmten Ziels nötig ist. Ihre mentale Stärke und Widerstandskraft basiert auf Objektivität, Handlungsfähigkeit und Willen.

Starke Menschen können selbst aus Niederlagen Kraft schöpfen, während andere sich durch eine einzige Negativerfahrung aus der Bahn werfen lassen. Das liegt ganz wesentlich am sogenannten Urvertrauen. Dieses entwickelt sich in frühester Kindheit durch eine intakte Verbindung zur Hauptbezugsperson – in der Regel ist das die Mutter. Ihre Aufgabe besteht darin, die Unlustgefühle des Säuglings wie Hunger, Durst, Kälte, Hitze oder andere körperliche Beschwerden abzuwenden, indem sie ihn füttert, wärmt, wickelt und tröstet. Sie wendet sich ihm liebevoll zu und kommt auch seinem Autonomiebestreben nach. Gelingt das Wechselspiel zwischen Zuwendung und Loslassen, lernt das Kind nicht nur, dass es sich auf die Mutter verlassen kann, sondern erwirbt auch Urvertrauen. In jeder einzelnen Zelle seines Körpers wird abgespeichert, dass es angenommen und geliebt wird. Dieses Gefühl wird auf spätere Beziehungen übertragen und bleibt dem Menschen als lebensbejahende Grundstimmung dauerhaft erhalten.

Wird stattdessen durch einen autoritären Erziehungsstil der Willen des Kindes oft gebrochen, empfindet es in Bezug auf seine Mitmenschen eine gewisse Ohnmacht. Solche Menschen neigen später dazu, sich zu stark anzupassen. Sie stecken eigene Bedürfnisse zurück und buhlen permanent um Liebe und Anerkennung. Sie reagieren sensibel auf Ablehnung und können mit Misserfolgen schlecht umgehen. Vorhaben scheitern häufig schon an den ersten Problemen, die sich ihnen in den Weg stellen.

Fairerweise muss man sagen, dass nicht allein die Eltern für die Entwicklung von Urvertrauen und Selbstbewusstsein verantwortlich sind. Auch andere Personen (Großeltern, Lehrer etc.), Faktoren (z. B. genetische Veranlagung) und Erfahrungen im Erwachsenenalter haben Einfluss darauf, inwieweit sich jemand seiner Stärken bewusst ist. Wie sehr beispielsweise unser soziales Umfeld unser Selbstbewusstsein beeinflussen kann, zeigt folgendes

**Fallbeispiel:** Peter, der älteste Sohn des Dorfschreiners, wagte sich schon als kleiner Junge an allerlei Holzarbeiten, zeigte aber wenig Selbstvertrauen in Bezug auf seine intellektuellen Fähigkeiten. Denn anders als viele seiner Mitschüler, deren Eltern allesamt Akademiker waren, stammte er aus einer alteingesessenen Handwerkerfamilie. Lange bevor Peter in die Schule kam, stand sein beruflicher Werdegang fest. Er selber wäre lieber Arzt geworden. Doch das traute er sich gegenüber seinem Vater nicht einmal zu erwähnen. Der einzige Mensch, mit dem er darüber sprechen konnte, war seine Tante, die ihn nach einem heftigen Streit mit dem Vater bei sich aufnahm. Sie ermöglichte ihm den Besuch eines Gymnasiums und unterstützte ihn auch nach dem Abitur finanziell bei seinem Medizinstudium. Obwohl dem begabten jungen Mann die Lerninhalte großen Spaß bereiteten, scheiterte er jedes Mal in den Prüfungen wegen seiner Selbstzweifel. Schließlich schmiss er das Medizinstudium und begann doch eine Ausbildung zum Tischler. Sieben Jahre nach seinem Weggang kehrte Peter zurück in sein Heimatdorf und übernahm den väterlichen Betrieb, den er aber schon bald herunterwirtschaftete.

Die Identifikation mit der eigenen Herkunftsfamilie, auch biografisches Selbstbewusstsein genannt, hat großen Einfluss auf unsere Selbsteinschätzung. Dabei genügt es oft, wenn nur ein Familienmitglied bestimmte Fähigkeiten aufweist oder einen Lebensstil führt, an dem wir uns orientieren können. Da Eltern eher Eigenschaften und Talente fördern, die sie selbst haben, benötigen Kinder, deren schulische oder berufliche Entwicklung in eine andere Richtung geht, deutlich mehr Erfolgserlebnisse, um an sich zu glauben. Diese Zusammenhänge sollte sich jeder bewusst machen, der sich mit dem Vertrauen in die eigenen Stärken auseinandersetzt. Denn je mehr wir uns zutrauen, desto leichter lernen wir. Sind wir hingegen defizitorientiert und empfinden eine große Diskrepanz zwischen dem, was wir sind, und dem, was wir gerne wären, geraten wir schnell in eine Haltung, in der wir ständig gegen uns selbst ankämpfen und immer schneller, schöner und toller sein wollen als alle anderen.

Nur um keine Missverständnisse aufkommen zu lassen: An dem Wunsch nach Selbstoptimierung ist nichts auszusetzen. Im Gegenteil. Liegt der Ursprung dieses Strebens allerdings in einem zu geringen Selbstbewusstsein, so geht es weniger darum, Fähigkeiten zu verbessern, als vielmehr darum, Schwächen zu kaschieren. Und genau hier liegt das Problem: Der Fokussierung auf tatsächliche oder eingebildete Schwächen liegt ein grundlegendes Lebensgefühl zugrunde, nämlich der Zweifel darüber, gemocht und akzeptiert zu werden. Um diesen Selbstzweifel zu kompensieren, entstehen Verhaltensweisen, die zur Erfüllung des Glaubenssatzes »Ich bin nicht liebenswert« oder »Ich bin nicht okay« führen. So halten wir uns womöglich aus Angst vor Zurückweisungen mit unserer Meinung zurück und werden als Opportunisten gesehen, was dazu führt, dass wir darin bestätigt werden, nicht akzeptiert zu werden. So etwas nennt man dann eine sich selbst erfüllende-Prophezeiung.

Wer sein Gehirn ausschließlich mit Katastrophenszenarien füttert, programmiert es ungewollt auf ein Scheitern. Die Scham über eigenes Versagen blockiert nämlich unser Lösungszentrum im Gehirn. Sie erzeugt emotionalen Stress, der nicht nur unser Fühlen, Denken und Handeln beeinträchtigt, sondern ganze Gehirnareale komplett lahmlegt. Da der sogenannte präfrontale Cortex (Großhirnrinde) durch eine Schwemme an Stresshormonen blockiert ist, übernehmen tief gelegene, »archaische« Hirnstrukturen die Kontrolle. Unser rationales Denken wird kurzfristig außer Gefecht gesetzt. Somit macht einem das Symptom (in dem Fall die Scham) oft mehr zu schaffen als das eigentliche Problem. Stehen wir dagegen zu unserer Fehlbarkeit, bildet sich erst gar keine Blockade.

Dafür muss aber die innere Haltung stimmen. Der Kern der Selbstakzeptanz besteht darin, sich selbst mit Verständnis und Milde zu begegnen. Niemand muss durch seine Veranlagung, Erziehung oder Erfahrungen vorhandene Prägungen als unabänderliches Schicksal hinnehmen. Akzeptieren Sie Ihre Unvollkommenheit. Trennen Sie zwischen Ihrem Selbst und Ihrem Verhalten. Der Wert eines Menschen lässt sich nicht auf seine Schwächen und Fehler reduzieren. Ein Rolls-Royce bleibt auch dann ein Oberklassenwagen, wenn der Motor mal ins Stocken gerät oder ein paar Kratzer im Lack sind. Glauben Sie unbedingt an Ihre Qualitäten! Nur dadurch kann sich Erfolg überhaupt einstellen. Das Wichtigste ist eine positive Einstellung zur eigenen Person.

**Tipp:** Sollten Sie also einmal im »Ich-bin-nicht-okay-Gefühl« feststecken, können Sie mental in den »Ich-bin-okay-Modus« wechseln. Dazu denken Sie an einen Menschen, den Sie sehr mögen und schätzen, obwohl er nicht perfekt ist. Anschließend übertragen Sie diese positiven Gedanken und Gefühle auf sich selbst, indem Sie sich mit dem gleichen Wohlwollen Ihren eigenen kleinen Fehlern und Macken zuwenden. Wenn Sie diese mentale Übung täglich durchführen, werden Sie sich nicht nur besser fühlen, sondern werden auch mit mehr Zuversicht an die anstehenden Herausforderungen herangehen. Gute Kenntnisse zu einem bestimmten Thema, Methodenkompetenz, Erfahrungen oder Routine zahlen ebenso wie regelmäßiges positives Selbstfeedback auf Ihr persönliches Selbstwertkonto ein.

**Zwischenfazit:** Mit der Konzentration auf die eigenen Stärken steigt nicht nur das Selbstbewusstsein, sondern auch die Leistungsbereitschaft. Beides sind wichtige Voraussetzungen für Wachstum und Profit. Der Aufbau Ihres Selbstbewusstseins gehört zu den wichtigsten Aufgaben in Ihrem Leben – auch dann, wenn Sie bereits über ein gutes Selbstbewusstsein verfügen. Gezieltes Coaching kann unterstützend wirken. Je ausgeprägter Ihr Selbstbewusstsein ist, desto mehr Zufriedenheit und Erfolg kehrt in Ihr Leben ein!

Stärke bedeutet, die Verantwortung für seine Entscheidungen und Handlungen zu übernehmen.

## 4.2 Verantwortung übernehmen

Ein wesentlicher Schritt in Richtung Erwachsenwerden bedeutet, für das eigene Tun Verantwortung zu übernehmen – was wir im Übrigen oft und gerne für unsere Erfolge tun. Die Misserfolge schieben wir schon mal gerne entweder auf andere Menschen, die Umstände oder das Schicksal. Es beginnt bereits in der Schule, wenn dem »unfairen Lehrer« die Schuld für die Fünf in Mathe zugeschoben wird, anstatt einfach zuzugeben, zu faul zum Lernen gewesen zu sein. Im späteren Berufsleben wird im gleichen Duktus die Kündigung den Intrigen der Kollegen zugeschrieben statt der eigenen Unfähigkeit. Sehr beliebt sind Ausreden wie: »Wenn das nicht gewesen wäre ...«, »Was kann ich denn dafür, dass …?« oder »Dafür bin ich nicht zuständig.«. All diese Ausflüchte und Entschuldigungen dienen nur einem einzigen Zweck: nämlich dem, sich seiner Verantwortung zu entziehen.

Erst tief greifende Ereignisse wie schwere Krankheiten, Trennungen oder Arbeitsplatzverlust veranlassen uns dann häufig dazu, unser bisheriges Leben zu überdenken und nach Antworten zu suchen auf die Frage: Was muss *ich* ändern, um ein anderes Ergebnis als bisher zu erhalten? Aber wollen Sie wirklich warten, bis Sie sich in einer Krise befinden? Mit dem Rücken an der Wand mag die Verzweiflung zwar für den nötigen Druck sorgen, aber sie kann auch zu übereilten Handlungen führen. Ihr Leben ist zu kostbar, als dass Sie leichtfertig damit umgehen sollten. Nehmen Sie es deshalb selbst in die Hand! Beginnen Sie damit, indem Sie sich bewusst machen, Wahloptionen zu haben. Es gibt immer eine Alternative – selbst wenn Sie sich in einer schwierigen Konstellation befinden. Und oft bedarf es nur kleinerer Korrekturen, um sich aus seinem Dilemma zu befreien. Treffen Sie zügig Entscheidungen, anstatt sie lange vor sich herzuschieben. Da hinter der Weigerung, die Konsequenzen seines Handelns zu übernehmen, meist die Angst steckt, schuld zu sein, wenn etwas schiefgeht, sprechen Sie lieber von Verantwortung. Pfeifen Sie auch darauf, was andere sagen. Ist es wirklich wichtig, was der Nachbar zu der Trennung von Ihrem langjährigen Lebenspartner sagt, wenn es um Ihr persönliches Glück geht? Sie können Ihr Schicksal beeinflussen und steuern, in jedem Bereich Ihres Lebens. Und wenn Sie das tun und die Ergebnisse daraus sich selbst zuschreiben, verbessert sich so ganz nebenbei auch Ihr Selbstwertgefühl. Denn Verantwortung für sich selbst zu übernehmen sendet das unmissverständliche Signal an Ihr Unterbewusstsein: *»Ich bin es wert.«*

Ein gutes Beispiel in Sachen Verantwortung übernehmen lieferte die Bischöfin *Margot Käßmann*. Sie zog 2010 nach ihrer Alkoholfahrt durch die Innenstadt von Hannover die Konsequenzen und legte aus Reue und dem Ringen um zukünftige Glaubwürdigkeit ihr Amt als Ratsvorsitzende der evangelischen Kirche in Deutschland (EKD) nieder. Auch wenn die Sache selbst zweifellos sträflich war und dieser Skandal einen Tiefpunkt in ihrem Leben darstellte, ist sie letztendlich gestärkt daraus hervorgegangen. Ganz anders als der frühere Bundesverteidigungsminister *Karl-Theodor zu Guttenberg*, der bis zum Schluss die Plagiatsvorwürfe bestritt und erst durch massiven Druck aus der Öffentlichkeit seinen Doktortitel zurückgab. Da hatte er sich aber bereits den Titel »Lügenbaron« eingeheimst und seine politische Karriere ruiniert. Selbst wenn ihm ein Comeback gelingen sollte, bleibt dieser Makel an ihm haften.

Für eine Führungskraft bedeutet Verantwortung zu übernehmen vor allem, sich ihrer Vorbildfunktion bewusst zu sein und den Mitarbeitern ein Umfeld zu schaffen, in dem Fehler als eine wichtige Lernerfahrung gelten. Sich für die Übernahme von Verantwortung zu entscheiden impliziert aber auch, harte Zielvorgaben zu verfolgen, unpopuläre Entscheidungen zu treffen und mit negativem Feedback zu leben. Wer das nicht will, ist fehl am Platz, und zwar umso mehr, je höher er steigt. Ich kenne Führungskräfte, die funktionieren hervorragend, solange alles rund läuft. Sobald sie aber Mitarbeiter entlassen müssen, verstecken sie sich hinter dem Personaler und überlassen ihm das Wort. Am liebsten wären sie gar nicht bei dem Gespräch dabei.

**Zwischenfazit:** Die beste Voraussetzung, um an Stärke zu gewinnen, ist der unbeirrbare Wille, sein Leben in die eigenen Hände zu nehmen. Das Wissen, für sein eigenes Wohl selbst verantwortlich zu sein, kann unglaublich befreiend wirken. Handeln Sie selbst und sofort, statt auf irgendwelche günstigen äußeren Umstände zu warten oder darauf zu vertrauen, dass jemand anderes die Verantwortung für Ihr Leben übernimmt.

»Die meisten Menschen wollen lieber durch Lob ruiniert als durch Kritik gerettet werden.«
(amerikanisches Sprichwort)

## 4.3 Kritik konstruktiv nutzen

»Herr Maier, die relevanten Zahlen fehlen ja komplett. Wie soll der Kunde nachvollziehen können, wie hoch die Gesamtkosten sind!«, kritisiert die Chefin ihren Mitarbeiter, der eine wichtige Präsentation vorbereiten sollte. Dabei achtet Herr Maier sonst immer sehr darauf, seine Arbeit möglichst perfekt abzuliefern. Auch diesmal hat er viel Zeit und Mühe investiert, um alles zusammenzustellen und die einzelnen Folien chronologisch zu sortieren. Am Ende muss er dann eine übersehen haben. Anders kann er es sich nicht erklären, warum das Chart mit den Zahlen nicht aufgeführt ist. Die Kritik ist also berechtigt.

Auf die eigenen Fehler und Schwächen hingewiesen zu werden ist nie angenehm. Dabei lernen wir gerade aus ihnen am meisten. Da sie uns jedoch nicht immer selbst auffallen, sind Rückmeldungen von außen enorm wertvoll. Sie geben Orientierung und helfen uns zu wachsen – vorausgesetzt, dem Kritisierenden geht es um die Sache und nicht darum, uns zu verletzen oder klein zu machen. Deshalb sollten wir uns für die Anregung bedanken und die Kritik als Lösung für ein gemeinsames Problem betrachten. Wer konstruktives Feedback als Geschenk statt als persönlichen Angriff sieht, ist nicht nur in sich gefestigt, sondern wirkt auch auf andere souverän und stark.

Im Fall von Herrn Maier bedeutet dies, die Sichtweise der Vorgesetzten zu verstehen und daraus zu lernen. Eine adäquate Reaktion des Mitarbeiters wäre demnach: »Vielen Dank für den Hinweis. Ich werde mich sofort an die Korrektur setzen und Ihnen in einer halben Stunde das fehlende Chart nachreichen. Damit künftig solche Missgeschicke ausgeschlossen sind, lasse ich ab jetzt vor der Freigabe immer noch mal jemand anderen drüberschauen.«

Weniger kritikfähige Menschen fühlen sich dagegen schnell gekränkt. Sie versuchen sich entweder zu rechtfertigen oder ziehen sich zurück, insbesondere, wenn sie gefühlt keinen Unterschied erkennen können, ob sich die kritischen Äußerungen gegen ihr Verhalten oder gegen sie als Person richten. Dann kann selbst sachlich vorgetragene Kritik zutiefst treffen – umso härter, je mehr sie einen wunden Punkt berührt.

Dabei ist es nicht nur im Berufsleben wichtig, aus seinen Fehlern zu lernen. Nur wer in der Lage ist, konstruktive Kritik zu akzeptieren und die beanstandeten Punkte dann auch zu verbessern, entwickelt sich weiter. Wer hingegen durch kritische Äußerungen immer gleich am Boden zerstört ist, den anderen nicht ausreden lässt, kaum zuhört, laut wird, auf das Gesagte nicht eingeht oder sogar zum Gegenangriff übergeht, sollte dringend etwas gegen seine Empfindlichkeit tun. Der falsche Umgang mit Kritik richtet oft mehr Schaden an als der eigentliche Fehler.

Diese Erfahrung machte auch der weltgrößte Nahrungsmittelkonzern *Nestlé*, als die Umweltorganisation Greenpeace mit einem YouTube-Video eine Aktion gegen den Einsatz von Palmöl in Nestlé-Produkten startete. Dabei stand besonders der Schokoriegel *Kitkat* im Fokus. Der süße Snack enthalte das Pflanzenfett, für welches große Flächen des indonesischen Regenwaldes abgeholzt würden, eines der letzten Rückzugsgebiete bedrohter Orang-Utans. Das Schweizer Unternehmen stand somit plötzlich als Affenmörder am Pranger. Viele Aktivisten posteten ihren Protest auf der-Facebook-Fanseite von Nestlé und machten sich einen Spaß daraus, das Nestlé-Logo zu verunglimpfen.

Anstatt auf die Kritik konstruktiv einzugehen, konterte Nestlé mit einem Gegenangriff. Der Konzern ließ verlauten, dass die Nutzung oder Veränderung von Logos untersagt sei und man entsprechende Beiträge einfach lösche. Die Situation eskalierte. Obwohl Greenpeace keine stichhaltigen Belege für seine Behauptungen lieferte und der in die Schusslinie geratene Schokoriegel offenbar nicht einmal ein Prozent Palmöl enthielt, zogen die Umweltschützer für ihre Kampagne sämtliche medialen Register: Sie stellten ein Video ins Netz, in dem sich ein Kitkat-Riegel während des Verzehrs als abgehackter Menschenaffen-Finger entpuppt, und verbreiteten es über das Web. Vor der Deutschlandzentrale in Frankfurt wurde eine Twitter-Wall errichtet. Die Protestler riefen massenhaft zum Boykott auf. Zudem tauchten überall Slogans wie »Kitkat kills!« auf. Der Konzern geriet mit negativen Schlagzeilen in die Öffentlichkeit. Am Ende wendeten sich neben den Aktivisten und eingeschleusten Provokateuren schließlich sogar echte Fans gegen Nestlé. Sie echauffierten sich hauptsächlich über die Art und Weise, wie seitens des Konzerns mit der Kritik umgegangen wurde.

Wenn Ihnen also jemand vorwirft »Du hörst mir nie richtig zu!«, dann bitten Sie denjenigen um konkrete Beispiele, wann Sie seiner Meinung nach nicht zugehört haben. Wenn er Ihnen diese liefern kann, wissen Sie meist schon selbst, dass etwas Wahres dran ist. In diesem Fall gibt es nur eins: Räumen Sie Ihren Fehler ein, bitten Sie um Entschuldigung und geloben Sie Besserung. Auf gar keinen Fall sollten Sie sich verteidigen, den Fehler abstreiten oder sich rechtfertigen! Damit würden Sie sich nur selbst schaden, weil Sie nicht nur an Souveränität und Ansehen verlieren, sondern auch die Beziehungsebene gefährden. Ihr Gesprächspartner könnte nämlich zu dem Ergebnis kommen, dass es zwecklos ist, etwas mit Ihnen klären zu wollen. Infolgedessen könnte er sich frustriert von Ihnen zurückziehen. Hören Sie sich die vorgebrachten Argumente in Ruhe an. Seien Sie ehrlich zu sich selbst und prüfen Sie, ob und was davon tatsächlich zutreffend und überzeugend ist. Nehmen Sie die Kritik an und machen Sie es bei nächster Gelegenheit einfach besser.

Für diejenigen, denen das schwerfällt, ist nicht alles verloren, denn Kritikfähigkeit lässt sich üben. Das Beste daran: Sie können alle Menschen, die kritisieren, in Ihr Trainingsprogramm integrieren! Wie in jeder sportlichen Disziplin üblich, sollten

Sie aber mit einem Aufwärmprogramm starten. Wie Sie dabei vorgehen, zeigt der nachfolgende

**Tipp:** Zunächst: Verzeihen Sie sich Fehler und Schwächen. Denn genau dort liegt oftmals die Wurzel des Übels. Die Kränkung ist umso größer, je mehr man sich für etwas, auf das andere einen aufmerksam machen, selbst ablehnt. Wer hingegen restlos von sich und seinem Tun überzeugt ist, an dem perlt Kritik ab.

Als Nächstes relativieren Sie die Bedeutung Ihres Fehlers. Gehen Sie in sich und überlegen Sie, wie dramatisch er angesichts der sonstigen Geschehnisse auf dieser Welt tatsächlich ist. Machen Sie sich bewusst, dass Sie nicht der einzige Mensch im Universum, der einzige Mitarbeiter in der Firma, der einzige Spieler auf dem Feld sind, der mal danebengreift. Sie werden sich wundern, in welch guter Gesellschaft Sie sich befinden.

Viele Menschen sind zudem sehr mit sich selbst beschäftigt. Die Wichtigkeit, die sie ihrem eigenen Auftritt beimessen, besteht nur in ihren Augen, weil sie durch die Selbstfokussierung ständig die innere Kamera auf sich halten und sich damit unbewusst in den Mittelpunkt des Geschehens setzen. Eine gewisse Relativierung gepaart mit einer Prise Humor kann sehr entspannend wirken.

Ist die Kritik unberechtigt, schmerzt sie umso mehr. Zu den natürlichen Abwehrmechanismen, die ohnehin in einem ablaufen, wird auch noch gegen das eigene Rechtsempfinden verstoßen. Keine Frage, das ist eine besonders schwierige Situation, die der schnellen Klärung bedarf. Wichtig ist dabei, nicht zu emotional zu reagieren, sondern möglichst ruhig und sachlich zu bleiben. Unberechtigte Kritik erkennt man daran, dass sie recht allgemein gehalten ist oder sich zwar auf etwas Konkretes bezieht, jedoch den Sachverhalt überbewertet oder falsch interpretiert. Vielleicht wird einem auch etwas vorgeworfen, das man gar nicht gesagt oder getan hat. Möglicherweise erscheint einem die Kritik auch kleinlich und wenig wohlwollend. Das fühlt sich besonders schlimm an. Fast jeder ist schon einmal in der Situation gewesen: Sie haben nach bestem Wissen und Gewissen eine berufliche Angelegenheit erledigt, konnten sie aber nicht vollständig zu Ende führen, weil Sie beispielsweise die Unterschrift eines erkrankten Kollegen benötigten. Nun wirft Ihnen der Chef vor, nachlässig gearbeitet zu haben. Neben der mangelnden Anerkennung für Ihre Bemühungen kränkt Sie vor allem die Ungerechtigkeit, der Sie sich ausgesetzt sehen. Am liebsten würden Sie auf die Barrikaden gehen oder gleich alles hinschmeißen. Diese Reaktion ist zwar auf den ersten Blick verständlich, klug ist sie aber nicht.

Hüten Sie sich generell vor einer Überreaktion. Widerstehen Sie dem inneren Impuls, sich zu verteidigen, indem Sie andere mit reinreißen. Selbst wenn es stimmen sollte, dass der erkrankte Kollege bereits das dritte Mal in Folge fehlt und mit seiner Arbeit nicht nachkommt, bleibt ein fader Beigeschmack. *»Man wird nicht dadurch besser, dass man andere schlechtmacht.«*, mahnte *Heinrich Nordhoff* (1899-1968), ehemaliger Vorstandsvorsitzender des Volkswagenkonzerns davor, gegen den Kritiker oder den Verursacher des Problems zu feuern. Begründen Sie detailliert und sachlich, warum die Schuld den falschen Adressaten erreicht hat. Formulieren Sie **Ich-Botschaften**. Sagen Sie einfach: »Sorry, aber ich bin da anderer Meinung!« Kritikfähig zu sein, bedeutet nicht, alles hinzunehmen, sondern sich aktiv mit den Dingen auseinanderzusetzen und sich gegebenenfalls auch zu wehren. Eine rasche Klärung kann weitere ungerechtfertigte Kritik unterbinden.

Die wichtigste Regel für den Umgang mit Kritik ist und bleibt, auf die Kritik einzugehen. Reagieren Sie immer positiv auf kritische Äußerungen. Sie können dem Feedbackgeber zunächst einmal recht geben und damit der Kritik die Schärfe nehmen, bevor Sie Ihren eigenen Standpunkt klarstellen.

Auch im Fall Nestlé wäre es geschickter gewesen, erst einmal den Ball aufzunehmen. Man hätte sich beispielsweise erfreut darüber zeigen können, dass sich so viele Menschen mit den Produkten und deren Herstellung beschäftigen. Das Versprechen, man würde die Produktionsmethoden intern prüfen, hätte nicht nur die Brisanz aus der Diskussion genommen, sondern dem Konzern zudem auch Zeit verschafft für die nächsten Schritte. Danach hätte Nestlé entweder die Fakten richtigstellen oder – wie tatsächlich geschehen – die Zusammenarbeit mit dem angeprangerten Produzenten beenden können. Auf diese Art wäre sogar ein positiver Medieneffekt erzielt worden.

**Zwischenfazit:** Wir können Kritik an uns und unserem Verhalten als Angriff sehen und innerlich aufrüsten. Wir können Kritik aber auch als Ausdruck von Interesse und Wertschätzung unserer Person gegenüber betrachten. Immerhin setzt sich der andere mit uns auseinander.

Die wenigsten Menschen wollen uns verletzen, sondern lediglich auf etwas Fehlerhaftes oder Störendes aufmerksam machen. Und selbst wenn, bestimmen wir immer noch selbst, ob uns etwas trifft oder voranbringt.

## 4.4 Entscheidungen treffen

Etwa 20.000 Entscheidungen treffen wir am Tag. Das ist eine ganze Menge, selbst wenn man berücksichtigt, dass unser Gehirn viele davon automatisch fällt, weil mehr als ein Drittel auf Gewohnheiten und Routinen beruhen. Längst gelöste Probleme müssen also nicht immer wieder erneut durchgekaut werden. Alle Entscheidungen basieren auf unseren Erfahrungen und orientieren sich an unseren Zielen und Werten. Je mehr Erfahrungen wir haben und je klarer unsere Ziele formuliert sind, desto besser und schneller können wir entscheiden.

Ob ein Mensch erfolgreich ist oder nicht, hängt unter anderem von seiner Fähigkeit ab, Entscheidungen zu treffen. Trotzdem hält sich hartnäckig das Gerücht, man müsse nur zur richtigen Zeit am richtigen Ort sein, um Erfolg zu haben. Manchen sei aber auch das »Erfolgs-Gen« einfach mit in die Wiege gelegt worden. Das klingt wie sechs Richtige im Lotto und damit wie etwas, das man weder initiieren noch beeinflussen kann. Aber wenn Erfolg reine Glückssache ist, warum ist er dann planbar? Und warum lässt er sich immer wieder generieren?

Erst durch die Entscheidung entstehen der Wille und ein Ziel. Wenn Erfolg etwas mit Glück zu tun hat, dann allenfalls im Hinblick darauf, dass unser Gehirn den Botenstoff Dopamin, also das sogenannte Glückshormon, ausschüttet, wenn wir am Ziel angekommen sind. Natürlich bedarf es dafür einer gründlichen Vorbereitung. Doch genau daran hapert es meist. Zum einen, weil eine gründliche Vorbereitung aufwendig ist, zum anderen, weil die Komplexität der Entscheidungssituation manchmal überfordernd wirkt. Oft tauchen schon beim ersten Nachdenken zahlreiche Pros und Kontras auf und nicht selten wird dann der guten Lösung die schnelle vorgezogen. Infolgedessen wird viel Aufwand und Geld in Projekte investiert, ohne dass die dahinterliegenden Prämissen und Erfolgsaussichten genauer analysiert werden. Oder das Bewusstsein für die Komplexität und die Tragweite von Entscheidungen führt zum Zögern. Bisweilen wird auch gar keine Entscheidung getroffen, was streng genommen dann auch eine ist, nämlich die für den Stillstand.

Ein Unternehmer zum Beispiel muss permanent Entscheidungen treffen, die von strategischer Bedeutung sind, weil sie die Ausrichtung und Zukunft des ganzen Betriebes beeinflussen. »Investieren wir in die Technik?«, »Sollen wir fusionieren?«, »Stellen wir uns global auf?« Solche Situationen sind sehr komplex und meist auch mit Risiko behaftet. Dennoch führt kein Weg daran vorbei, sich der Situation zu stellen und eine Entscheidung zu treffen.

Auch in weniger folgenreichen Situationen fällt es manchen Menschen schwer, eine Entscheidung zu treffen. Möglicherweise haben sie es nie gelernt. Vielleicht scheuen sie aber auch die Veränderung. Denn selbst wenn die sogenannte Komfortzone selten komfortabel ist, bietet sie einen nicht zu unterschätzenden Vorteil, nämlich die Sicherheit des Status quo. Beide, Sicherheit und eine erfolgreiche Weiterentwicklung, bilden kein praktikables Gespann. Ohne die entsprechenden Schritte wird man schlicht nicht wissen, wohin ein Weg führen kann und wo Potenziale brachliegen.

Unsere Emotionen mischen bei Entscheidungen ebenso kräftig mit – selbst bei Kopfmenschen. Rational lässt es sich jedenfalls nicht erklären, warum Familienväter den schicken Sportwagen einem praktischem Van vorziehen, nur um dann auf dicht befahrenen und mit Baustellen übersäten Autobahnen bei 60 km/h herumzukriechen. Selbst die Tatsache, dass in dem Sportschlitten allenfalls Kleinkinder den Transport ohne Kopfverletzungen überstehen, hält die PS-Junkies nicht vom Kauf ab. Und das liegt vor allem an der Durchsetzungsstärke unserer Emotionen. Obwohl der präfrontale Cortex, der für die Vernunft zuständig ist, mit dem limbischen System (Hauptwohnsitz unserer Gefühle) vernetzt ist und in bestimmten Situationen Impulse kontrollieren kann, setzen sich am Ende fast immer die Gefühle durch. Selbst wenn wir denken, wir würden eine rein rationale Entscheidung treffen, geben tatsächlich unsere Gefühle eine Tendenz vor. Schon beim Abwägen von Argumenten bestimmen sie, was auf der Pro- und was auf der Kontra-Seite landet.

**Fazit:** Erfolg ist eine Aneinanderreihung bewusster Entscheidungen und daraus resultierender Handlungen. Es bedarf eines guten Plans und eines festen Willens, diese nicht nur anzugehen, sondern auch durchzuziehen. Mit Glück hat Erfolg somit wenig zu tun – eher mit dem Mut, die Verantwortung für etwas zu übernehmen. Niemand muss zu einer anderen Person werden, um erfolgreich zu sein. Es geht auch nie darum, was Sie sind. Es geht immer darum, was Sie tun. Entscheiden Sie selbst!

# 5 Stärken-Killer: Wie Sie sich davor schützen

Leider ist nicht alles positiv, was wir fühlen und denken oder von anderen zu hören bekommen. Es gibt einige destruktiven Faktoren und Aussagen, die uns schwächen und im schlimmsten Fall unser Selbstvertrauen erschüttern. Letzteres ist besonders tragisch. Denn ob wir eine neue Aufgabe als herausfordernd oder bedrohlich betrachten, hängt nach Meinung der Psychologen *Lazarus & Folkman* davon ab, wie wir unsere Fähigkeiten einschätzen. (Lazarus, 1999) Solange wir uns Herausforderungen suchen, die diesen entsprechen, und solange wir an deren Weiterentwicklung arbeiten, haben wir Erfolg. Trauen wir uns dagegen nichts oder nicht viel zu, gehen wir Veränderungen und Risiken aus dem Weg. Die Folge ist: Wir lernen nichts dazu und geraten in einen Zustand der Stagnation, der – je nach Unter- oder Überforderung – in Langeweile oder Frustration endet.

Zu solchen Selbst-Sabotageprogrammen gehören:

1. der innere Kritiker,
2. moralische Urteile,
3. Vergleiche mit anderen,
4. Energiesauger.

In den folgenden Abschnitten geht es darum, diesen Saboteuren auf die Spur zu kommen und sie auszuschalten. Nur wer auf die eigenen Stärken vertraut, wird die Chance auf Wachstum erkennen und entsprechend nutzen.

## 5.1 Der innere Kritiker

Er sieht nur, was wir falsch machen. Nie können wir es ihm recht machen und er findet immer etwas, was er an uns kritisieren oder verurteilen kann. Dabei sitzt er uns keineswegs gegenüber, sondern mitten in unserem Kopf. Die Rede ist vom **inneren Kritiker**, der es ursprünglich mal gut mit uns meinte, als seine Aufgabe noch darin bestand, darauf aufzupassen, dass wir uns nicht in Gefahr bringen, wenn wir nicht auf unsere Eltern hörten. Für uns Erwachsene ist der innere Kritiker aber zu einer echten Plage geworden und überschüttet uns mit Vorwürfen. Seine Strategie lautet: Lieber unbarmherzig sich selbst kritisieren, als sich von der Kritik anderer überraschen zu lassen! Für ihn steht fest: »Wenn du weiterhin so rumhängst, wird nie etwas aus dir!«

Der innere Kritiker äußert nicht seine Meinung, er verkündet die Wahrheit! Wenn er uns nicht gerade niedermacht, kommandiert er uns herum. »Du musst …!«, »Du sollst ...!«, »Das darfst du nicht …!«. Seiner Ansicht nach können wir nichts, dürfen wir nichts und sind wir auch nichts wert. Damit ist er der mit Abstand größte Feind unseres Selbstbewusstseins und ein effektiver Motivationskiller. Mit einer einzigen Bemerkung gelingt es ihm, all unsere Pläne zum Einsturz zu bringen. Sollten wir trotz seiner Entmutigungen mal was riskieren und es läuft schief, kommentiert er das Scheitern mit hämischer Genugtuung: »Das habe ich dir doch gleich gesagt!«

Der Begriff »innerer Kritiker« stammt aus der Transaktionsanalyse, bezeichnet unsere kritische innere Stimme und ist nicht zu verwechseln mit dem Bauchgefühl oder gesunder Selbstkritik. Man erkennt diese Instanz an ihren überzogenen Ansprüchen und der Tatsache, dass sie mehr Wert darauf legt, was andere von uns halten oder sagen, als auf unsere eigenen Bedürfnisse. Ihre Kritik kreist bevorzugt um die Themen eigenes Aussehen, Leistungen oder Beziehungen. Ihr penetrantes Auftreten führt meist zu einem geringen Selbstwertgefühl, Scham oder der Angst vor Fehlern. Der innere Kritiker blockiert unsere Energie und auch unsere Entwicklung.

Bei manchen Menschen taucht er sporadisch auf. Andere verfolgt er mit unbarmherziger Hartnäckigkeit. Nichtsdestoweniger ist er Teil eines jeden Menschen. Doch wie breit sich der innere Zensor in unserem Leben macht, entscheiden wir selbst! Wir können ihn gewähren lassen oder zähmen. Denn Kritik, egal ob innere oder äußere, ist zunächst einmal nur eines: eine Sichtweise. Mehr nicht. Niemand zwingt uns, sich ihr anzuschließen und ihr zu folgen.

**Tipp:** Ist Ihr innerer Kritiker zu aufdringlich, lässt er sich so aufhalten:

**1. Personifizieren Sie Ihren inneren Kritiker!** Damit bekommt er nicht nur eine Identität, sondern auch eine Stimme. Wenn Sie diese in Ihrem Ohr hören, ist das schon die halbe Miete. Mein innerer Kritiker heißt Cuno. Ich habe ihn nach meinem früheren Deutschlehrer benannt, der ständig schlecht gelaunt durchs Klassenzimmer lief und an allem und jedem etwas herumzumäkeln hatte. Ich sehe ihn noch förmlich vor mir, wie er mit erhobenem Zeigefinger dastand und im herablassendem Tonfall die Schüler zurechtwies. Für mich ist Cuno der Prototyp des Kleinmachers. Hat Ihr innerer Kritiker erst einmal ein Gesicht, kommen Sie besser mit ihm ins Gespräch. Achten Sie nur darauf, dass Sie die Führung übernehmen, auch wenn er sich dagegen wehrt.

**2. Notieren Sie sich seine Lieblingssätze!** Hören Sie genau zu und schreiben Sie auf, was *Ihr* Cuno alles von sich gibt. In welchen Situationen kommen welche Aussagen? Was sind seine Favoriten? Folgt das Ganze einem bestimmten Muster? Bewusstmachung ist der erste Schritt zur Veränderung. Oft reduziert sich mit dem Aufschreiben dieser Sätze automatisch deren Auftauchen und Wirksamkeit.

**3. Überprüfen Sie seine Argumente!** Wenn Ihr innerer Kritiker wieder rumstänkert, überprüfen Sie, ob er wirklich recht hat. Fragen Sie nach Details. Wie sieht ein Verlierer Ihrer Meinung nach aus? Trifft das wirklich auf Sie zu? Und selbst wenn etwas Wahres daran ist: Sind Sie möglicherweise zu hart in Ihrem Urteil sich selbst gegenüber?

**4. Holen Sie sich Unterstützung vom inneren Coach!** Als fürsorglicher Begleiter ist Ihr **innerer Coach** der natürliche Feind des Kritikers und wird bei jedem Versuch, Sie klein zu machen, direkt mit Ihren Stärken dagegenhalten. Er verfügt über eine ganze Liste von Pro-Argumenten, um einen Plan zu realisieren und Ihr Ziel zu erreichen. Zudem kennt er jede Menge Erfolgsbeispiele, an denen Sie sich orientieren können.

**5. Machen Sie sich Ihren inneren Kritiker zum Freund**! Wenn alle Versuche, dem Flegel Manieren beizubringen, nichts nützen, dann nehmen Sie ihm den negativen Filter. Vor einer wichtigen Prüfung könnte seine Aussage: »Du fällst ohnehin durch!« ein Hinweis darauf sein, dass womöglich der Lernstoff noch nicht sicher sitzt. Erkennen Sie an, dass es manchmal einen wichtigen Grund für seine Attacken gibt. Sehen Sie ihm in solchen Fällen seine Kommunikationsschwäche nach und formulieren Sie um: »Ich sehe, du machst dir Sorgen, dass ich die Prüfung nicht schaffen könnte.« Dann bedanken Sie sich bei ihm dafür und schließen die Wissenslücke.

**Zwischenfazit:** Wer ständig gegen sich selbst kämpfen muss, macht sich das Leben schwerer, als es ist. Machen Sie sich bewusst: Ihr innerer Kritiker ist nichts weiter als ein Papagei, der ständig nachplappert, was er von Ihren Eltern oder anderen wichtigen Bezugspersonen übernommen hat. Und auch wenn er sich etwas ungeschickt anstellt, will er Sie im Grunde nur vor Verletzungen schützen.

## 5.2 Moralische Urteile

Wir sehen jemanden, erleben ihn in einer einzigen Situation und schon glauben wir, ihn zu kennen. Wir neigen dazu, uns unsere Meinung in Sekundenbruchteilen zu bilden und unsere Mitmenschen in eine Schublade zu stecken. Wir haben klare Vorstellungen davon, wie sich jemand zu verhalten hat, was richtig oder falsch und was gut oder böse ist. Schnell lassen wir Gedanken zu wie zum Beispiel, der andere sei »verbissen«, »arrogant«, oder »chaotisch«. Lernen wir denjenigen dann aber genauer kennen, kann ein ganz anderes Bild entstehen. Außerdem hat jeder Mensch ein eigenes Wertesystem. Was für den einen unordentlich ist, kann für den anderen buchstäblich »in Ordnung« sein. Ist man selber von vorschnellen moralischen Urteilen betroffen, tun sich einem mehrere Möglichkeiten auf, damit umzugehen: persönlich nehmen, kontern oder hinterfragen und verstehen. Die meisten entscheiden sich für Variante eins. So wie Svenja.

**Fallbeispiel:** Im Rahmen einer Präsentation wurde Svenja von einem Kollegen im Beisein anderer wegen ihrer angeblich übertriebenen Selbstdarstellung zurechtgewiesen. Es grenze an Selbstbeweihräucherung, wenn sie von ihren vielen Großprojekten erzähle. Die ehrgeizige Eventmanagerin war irritiert. Normalerweise hätte sie sich davon nicht aus dem Konzept bringen lassen, aber ihr lag etwas an diesem Menschen und damit auch an seiner Meinung. Sie wollte unbedingt, dass er sie toll fand. Dagegen sprachen allerdings die unterschiedlichen Vorstellungen von einem »starken Auftritt«.

Die anfängliche Empörung darüber, dass jemand sie »erziehen« wollte, wich einem bohrenden Selbstzweifel. Sie begann, nicht nur ihr Verhalten, sondern sich selbst infrage zu stellen. Diese negative Energie kanalisierte sie abwechselnd in Rechtfertigungen und dem Bedürfnis, es ihm heimzuzahlen. Zeigte besagter Kollege auch nur den Anflug an Stolz, beschimpfte sie ihren »Erzieher« als heuchlerisch und selbstgerecht. Am Ende war nicht nur ihr Selbstbewusstsein mächtig angeknackst, sondern auch das kollegiale Verhältnis.

Wenn wieder einmal jemand meint, Ihnen sagen zu wollen, was sich schickt und was nicht, dann hilft es, sich bewusst zu machen, dass es sich dabei um subjektive Sichtweisen handelt. Von anderen gemocht und geschätzt zu werden, sagt nichts über Sie persönlich aus, sondern nur über die Meinung und Vorliebe desjenigen, der sein moralisches Urteil fällt. Entscheiden wir uns auf dem Markt für den Kauf einer bestimmten Sorte Äpfel, sagt das auch nur etwas über unseren persönlichen Geschmack aus und nichts über die Qualität anderer Apfelsorten.

Es kann aber auch einfach sein, dass Sie Ihr Gegenüber an jemanden erinnern, mit dem er schlechte Erfahrungen gemacht hat. Möglicherweise tun Sie etwas, was er sich selbst nicht traut. Personen, die ständig über andere Leute urteilen, sind meist unzufrieden mit ihrem eigenen Leben und können nicht verkraften, dass es anderen besser geht. Oder sie möchten ihr eigenes Scheitern rechtfertigen, indem sie die Arbeit anderer schlechtreden. Selbst wenn die Kritik berechtigt ist, handelt es sich immer nur um einen Bruchteil dessen, was Sie als Person ausmacht. Erst wenn Sie innerlich davon überzeugt sind, dass Ihre Fehler und Mängel nichts an Ihrem Wert als Mensch ändern, wird es Sie unberührt lassen, wenn andere über Sie richten.

**Zwischenfazit:** Unserer Gesellschaft ist voll von selbst ernannten Richtern. Räumen Sie ihnen keine Macht über sich ein. Bevor Sie permanent zurückstecken und nur noch das tun, was andere von Ihnen erwarten, überlegen Sie, was Sie ganz persönlich wollen und davon halten. Der beste Schutz vor moralischen Urteilen ist ein starkes Selbstbewusstsein.

## 5.3 Vergleiche mit anderen

Es beginnt bereits auf dem Schulhof, wenn wir unsere Kräfte mit anderen Kindern messen, oder damit, dass zu Hause unsere Leistungen mit denen der Geschwister verglichen werden. Wenn wir dabei schlecht abschneiden und uns dies immer wieder vorgehalten wird, kann das ganz schön entmutigend wirken. Mit der Zeit entsteht dann das Gefühl, nicht zu genügen.

Im Unterschied zum motivierenden Benchmarking, bei dem wir von den Besten lernen und uns freiwillig an deren Erfolg orientieren, wirken Vergleiche mit Personen, die für uns unerreichbar sind und entweder mit ihrer außergewöhnlichen Gabe oder völlig überzogenen Anstrengungen für verfälschte Referenzwerte sorgen, demotivierend auf uns. Frauen beispielsweise vergleichen gerne ihre Figur und ihr Aussehen mit dem von professionellen Models. Kaum stolziert mal wieder einer dieser Hungerhaken über den Laufsteg, schon kommen sie sich selber dick und hässlich vor. Männer neigen eher dazu, Leistungen zu vergleichen – ob im Sport, beim bloßen Kräftemessen oder beruflich. Das Problem ist nur, dass es immer Menschen geben wird, die einem meilenweit voraus sind. Sich mit ihnen zu vergleichen, sät nur Frust. Dies umso mehr, wenn einem der Vergleich von außen aufgezwungen wird, wie bei der 34-jährigen Anna.

**Fallbeispiel:** Obwohl die freiberufliche Texterin ihren Job lange schleifen ließ, um möglichst viel Zeit mit ihrem krebskranken Partner zu verbringen, musste sie sich immer wieder anhören, wie wenig aufmerksam sie im Vergleich zu seiner Ex-Frau sei. Dabei fuhr Anna ihren Freund zu Ärzten, Therapien und auch sonst überall hin. Einen Großteil ihrer Arbeit erledigte sie von seiner Wohnung aus und verlegte geschäftliche Termine in die Abendstunden, wenn er schlief. In dieser Zeit verzichtete die junge Frau auf sämtliche sozialen Kontakte und auch auf den einen oder anderen Auftrag. Doch egal, wie sehr sie sich bemühte, Thomas alles recht zu machen, es reichte nicht annähernd an die hingebungsvolle Betreuung seiner Ex-Gattin heran. Tatsächlich war Marlene eine überaus engagierte und empathische Person, die bis zum Schluss die wichtigste Ansprechpartnerin für den Sterbenskranken und dessen Familie blieb.

Als die Metastasen sich im Gehirn von Thomas ausgebreitet hatten und er ins Hospiz musste, waren beide Frauen an seiner Seite. »Im Grunde führten wir eine Beziehung zu dritt«, so kommt heute noch Wut über diese demütigende Situation bei Anna hoch. Vollgepumpt mit Kortison und Morphinen beschimpfte Thomas die verzweifelte Frau immer häufiger. Er unterstellte ihr sogar, dass Ihre täglichen Besuche »reine Pflichterfüllung« seien, womit er am Ende recht behalten sollte. Obwohl Anna wusste, dass ihr todkranker Freund nichts für seine Aggressionen konnte, fiel es ihr zunehmend schwerer, seine Launen zu ertragen. Irgendwann schleppte sie sich nur noch widerwillig ins Hospiz. Oft stand sie kurz davor, Thomas zu verlassen, konnte das aber nicht mit ihrem Gewissen vereinbaren.

Während sich alles um die Krankheit ihres Freundes drehte, wurden Annas Bedürfnisse und Sorgen von der gesamten Familie mit der Phrase »Hauptsache gesund!« einfach beiseite gewischt. Dieses »Totschlagargument« ließ sie über drei Jahre hinweg den eigenen Erschöpfungszustand verdrängen. Ihren Frust fraß Anna buchstäblich in sich hinein und wurde immer dicker, bis sie sich überhaupt nicht mehr unter die Leute traute. Zu dem inneren Gefängnis schuf sie sich auch noch das äußere. Nach Thomas' Tod stellte sich zudem heraus, dass sie während dieser Zeit sowohl einen Hörsturz als auch zwei Bandscheibenvorfälle erlitten hatte.

Diese private Tragödie, insbesondere der andauernde Vergleich mit der Ex-Frau, hatte nicht nur Spuren an Körper und Seele hinterlassen, sondern auch berufliche Schäden verursacht. Zu mir ins Coaching kam Anna, weil sie in einem absoluten Kreativloch steckte und um ihre berufliche Existenz fürchtete.

Bei Anna wirkten gleich zwei destruktive Faktoren: erstens negative Zuschreibungen (»Du kannst das nicht!«) und zweitens der ständige Vergleich (»Du bist nicht so achtsam, so fürsorglich, so gut wie …«). In ihrem verzweifelten Bestreben, Thomas eine verlässliche und liebevolle Partnerin zu sein, fühlte sich diese Kritik sehr verletzend an. Dabei steckte weniger böse Absicht dahinter als seine Enttäuschung darüber, dass die 34-Jährige zwar pflichtbewusst alles ihr Mögliche tat, um ihn zu entlasten, Thomas aber die emotionale Betroffenheit und besondere Fürsorge fehlte, die er bis dahin gewohnt war. Letztendlich bewirkten seine Vorwürfe aber nur das Gegenteil von dem, was er wollte. Je höher er die eine Frau in den Himmel lobte, desto mehr zog die andere sich zurück.

Aus einer solchen Negativspirale kommt man nur durch die Bewusstmachung der hinter diesen Abwehrmechanismen liegenden Motive heraus. Aus der Erkenntnis, was hinter einem Verhalten steckt, kann die Bereitschaft erwachsen, die Bedürfnisse des anderen besser zu verstehen und den Fokus mehr auf die positiven Ansätze und Eigenschaften zu lenken. Zudem hilft es, seinem Selbstwertgefühl eine stabilere Basis zu geben, die nicht durch jede Bemerkung oder Kritik aus dem Gleichgewicht gebracht werden kann.

**Zwischenfazit:** Vergleiche mit anderen Menschen geben uns Informationen darüber, wo wir stehen, und können uns anspornen, mehr aus uns herauszuholen. Probleme entstehen immer dann, wenn wir unseren Wert als Mensch vom Vergleich mit anderen abhängig machen. Statt uns anzuspornen, blockiert uns dies in der freien Entfaltung. Wenn Sie sich zu oft dabei erwischen, wie Sie sich mit anderen vergleichen oder von anderen verglichen werden, und sich nicht gut dabei fühlen, dann machen Sie sich Ihre Einzigartigkeit und Ihre Stärken bewusst.

## 5.4 Energiesauger

Haben Sie sich schon mal nach der Begegnung mit einer anderen Person total ausgelaugt gefühlt? Haben Sie erlebt, wie jemand mit wenigen Sätzen Ihre gute Laune verdirbt, Ihren Optimismus zunichtemacht und Ihnen all das vor Augen führt, was schiefgehen könnte? Dass jemand unentwegt Sätze von sich gibt wie: »Das Problem ist!«, »Stell dich nicht so an!«, »Das würde ich an deiner Stelle bleiben lassen!«, »Warum muss mir das immer passieren?« oder »Keiner versteht mich!«? Dass Sie sich in der Gegenwart einer bestimmten Person unwohl, defizitär, bedrückt oder gar belästigt fühlen? Wenn Sie beginnen, deren Anrufe auf dem Anrufbeantworter zu überspringen oder ihr aus dem Weg zu gehen – dann hat sich höchstwahrscheinlich ein Psycho-Vampir in Ihr Leben eingeschlichen.

Während positiv denkende Menschen in der Lage sind, das Beste in uns hervorzurufen, ziehen uns negativ eingestellte Menschen regelrecht runter. Die Gefühlsskala reicht von Beklemmung bis Erschöpfung. Ob Bedenkenträger, Ja-Sager, Nachplapperer, Vertreter der Fraktion »Was-könnten-die-Leute-sagen« oder Personen mit Opfer-Mentalität – sie alle blockieren unseren Energiefluss. Und weil wir uns fortbilden, nach Höherem streben oder unsere Ziele erreicht haben, führen wir ihnen unbeabsichtigt ihre eigene Unzulänglichkeit vor Augen. Oftmals ist solchen Menschen von jeher alle Verantwortung abgenommen worden – auch die für sich selbst. Immer waren andere Schuld, die entweder reichere Eltern, keine Kinder, sehr viel Glück im Leben oder mehr »Vitamin B« hatten. Die Zahl an Gründen, um sich ja nur nicht aus der Komfortzone bewegen zu müssen, ist groß. Diese Menschen brauchen die Energie anderer, um die eigenen Defizite zu kompensieren. Umso wichtiger ist es zu wissen, wie man diese schlechte Gesellschaft loswird. Denn Aufmerksamkeit wirkt wie Dünger: Konzentrieren wir uns auf Unangenehmes, vermehrt es sich wie Unkraut.

**Übung: Energiesauger entlarven**
Um Energiesauger zu identifizieren, nehmen Sie sich ein Blatt Papier und teilen es in Spalten. Die Anzahl der Spalten richtet sich nach den sozialen Gruppen, denen Sie angehören. Das können die Familie, der Freundeskreis, die Kollegen oder Vereinskameraden sein. Dabei geht es nicht um die Aufzählung von Menschen, die sie generell kennen, sondern um solche, mit denen Sie in engem Kontakt stehen oder die den meisten Einfluss auf Sie haben.

Betiteln Sie jede Spalte und schreiben Sie die Namen der Personen hinein, die zu der jeweiligen Gruppe gehören. Nun streichen Sie die Namen all jener, die Sie Ihrer mentalen Kraft berauben. Zum Schluss heben Sie noch die Personen mit einem Textmarker hervor, von denen Sie die größte Unterstützung und regen Zuspruch erhalten.

Ihr Bild könnte dann wie dieses aussehen:

| Familie | Bekannte | Handball |
|---|---|---|
| ~~Alfons~~ | Dieter | Mica |
| Helga | ~~Annelie~~ | Michael |
| Anneliese | Birgit | Franz |
| Manfred | ~~Klaus-Dieter~~ | Rainer |
| Gabi | Wilfried | ~~Sonja~~ |
| | Hannah | |
| | Regina | |

**Abb. 3:** Übung »Energiesauger entlarven«.

Suchen Sie das Weite, wenn Sie jemand stundenlang anquatscht, volljammert oder sogar anbrüllt. Falls Sie auf diese Person angewiesen oder mit ihr verwandt sind, setzen Sie klare Grenzen! Machen Sie deutlich, weder Kummerkasten noch hauptberuflicher Seelsorger zu sein. Verzichten Sie lieber auf die Rolle des »Everybody's Darling«, als sich energetisch aussaugen zu lassen. Sie brauchen kein schlechtes Gewissen deswegen zu haben. Nur weil Sie den »Müll« anderer Leute ablehnen, sind Sie noch lange kein schlechter Mensch! Sollten Sie unvermittelt in eine Situation geraten, bei der Sie merken, dass negative Schwingungen zu Ihnen überschwappen, hören Sie ein paar Minuten zu und verabschiedeten sich dann freundlich mit den Worten: »Ich drücke dir beide Daumen, dass alles gut geht, aber ich muss jetzt zu einer Verabredung.« Gleichzeitig lösen Sie sich aus dem Kontakt, indem Sie sich umdrehen und gehen, ohne sich noch einmal umzusehen. Wenn Sie das ein paar Mal gemacht haben, begreift auch der Schwerfälligste, dass hier nichts mehr zu holen ist.

**Fazit:** Energiesauger kosten Kraft und zehren an unserer Motivation, während »gute Gesellschaft« uns zur Höchstform auflaufen lässt. Meiden Sie die einen und suchen Sie die Gesellschaft der anderen. Wenden Sie sich lieber Ihren Energiespendern zu. Von ihnen erhalten Sie die größte positive Unterstützung.

# 6 Die TWOS-Methode

Unsere persönliche Entwicklung ist ein lebenslanger Prozess. Wir wollen wachsen in dem, was wir tun und wie wir es tun. Dies gilt im privaten Umfeld wie im beruflichen Leben. Wir lernen täglich dazu, nehmen Dinge um uns herum auf und versuchen zu verstehen. Wir entdecken ungenutzte Potenziale und verschieben persönliche Grenzen. Kurzum: Wir verändern uns ständig. Mal schnell, mal langsam. Mal bewusst, mal unbewusst. Indem wir Veränderung als etwas Natürliches betrachten, lassen wir sie zu oder streben sie sogar an.

*To Win On Strength (TWOS)* ist eine Methode, die Menschen in ihren Veränderungswünschen unterstützt und sie weiterentwickelt, wenn sie

- Talente ausbauen und Höchstleistungen erzielen,
- versteckte Potenziale entdecken oder
- Lernfelder angehen wollen.

*TWOS* bietet mit seinem erfolgserprobten, fünfstufigen Masterplan dazu das perfekte Instrument. Das Besondere ist die Systematik und Konsequenz, mit der auf eigene Ressourcen zurückgegriffen wird – und zwar sowohl, was die Leistungssteigerung auf Präferenzgebieten betrifft, als auch die Bearbeitung sogenannter »Lernfelder«. Denn im Unterschied zu vielen Stärken-Stärkern, die in ihrer zwar grundsätzlich richtigen, aber einseitigen Betrachtungsweise oft zu übersteigerten Optimierungen neigen, beruht *To Win On Strength* auf **Kontextualisierung**. Es geht nicht um ein Entweder-oder, also um Stärken *oder* Schwächen, sondern um die Herstellung der Zusammenhänge zwischen beiden. Darum, dass jede Entscheidung und jede Handlung im jeweiligen Kontext stattfindet und auch nur in diesem verstanden werden kann.

Oberstes Prinzip von *TWOS* ist es deshalb, den Blick auch dann noch konsequent auf das Starke gerichtet zu halten, wenn es um Schwachstellen geht. Im Vordergrund steht nicht die Problemanalyse, sondern es geht um Lösungen und Maßnahmen, die so nah wie möglich an die jeweilige Persönlichkeit und in deren Alltag herangebracht werden müssen.

*TWOS* kann in unterschiedlichen Situationen zum Einsatz kommen. Lassen Sie mich unsere Leistungsgesellschaft einmal mit dem Formel-1-Motorsport vergleichen und betrachten wir ein Coaching als eine Art »Boxenstopp«, der ganz unterschiedlich motiviert sein kann. Drei Beispiele:

**Pilot eins**

Sein Motor läuft bereits auf Hochtouren. Er konzentriert sich ganz und gar auf die ein oder zwei Dinge in seinem Leben, die er besser kann und lieber tut als alles andere. Darin will er es bis zur Meisterschaft bringen. Ihm geht es ausschließlich um Leistungsoptimierung. Vom Teamchef persönlich hereingerufen, wirkt der Boxenstopp wie ein Incentive. Er weiß, mit ihm hat man Großes vor.

Mit *TWOS* geht es in den Turbogang. Anhand des Masterplans gelingt es dem Fahrer, präzise Einstellungen vorzunehmen, um mit maximaler Geschwindigkeit die Ziellinie zu erreichen.

**Pilot zwei**

Er steht am Anfang seiner Kariere und will gleich den richtigen Weg einschlagen. Erfolg heißt für ihn aber nicht zwangsläufig, der Beste sein zu müssen, sondern das Beste aus seinen Möglichkeiten zu machen. Es bereitet ihm mehr Freude, seine Begabungen in Einklang zu bringen und sich weiterzuentwickeln bzw. seine Kompetenz in einem bestimmten Bereich auszubauen. Statt Rennen zu fahren, findet er seine Erfüllung als Testfahrer. Vielleicht fragt er sich auch mit Mitte vierzig: Soll das schon alles gewesen sein? Gibt es vielleicht ein Leben »out of the box«?

Hier bietet *TWOS* die Leitplanke in Sachen Orientierung und eine Antwort auf die Frage, was (noch) alles in ihm steckt.

**Pilot drei**

Der Pilot befindet sich in einer Krise. Sein Motor ist wegen eines Softwaredefekts ins Stocken geraten. Bis zur Behebung des Fehlers, der auch aus einer simplen Überdrehung herrühren kann, wurde er aus dem Rennen genommen.

Mit *TWOS* bekommt der Fahrer ein Gefühl für das Wechselspiel zwischen Gas und Bremse. Ein strukturierter Fahrplan gibt ihm die nötige Sicherheit, auch schwierige Situationen bewältigt zu bekommen, damit er gestärkt zurück ins Rennen gehen kann.

Ob es Ihnen, liebe Leserin und lieber Leser, darum geht, Ihre berufliche Zukunft neu zu überdenken, Kompetenzen aufzubauen oder einfach nur Ihre PS auf die Straße zu bringen – mit *TWOS* kommen Sie schnell und sicher ans Ziel. Der fünfstufige Masterplan zeichnet Ihnen einen systematischen Weg auf: von der Zielformulierung über die Ressourcen-Ermittlung bis hin zur Umsetzung von Maßnahmen. Dabei wird nicht theoretisch erörtert, wie es gehen könnte, sondern konkret aufgezeigt, wie es gemacht wird. Mit der Erarbeitung passgenauer Tools schaffen Sie sich zusätzliche Handlungsoptionen und entwickeln eine größere Gelassenheit im Umgang mit dem, was Ihnen weniger gut gelingt. Das ist umso wichtiger, je mehr sich das Gefühl der Schwäche bereits manifestiert und Unsicherheit breitgemacht hat.

Die Mehrzahl der Aufträge, deretwegen ich als Coach aufgesucht oder in ein Unternehmen geholt werde, zielen denn auch nicht auf die reine Potenzialhebung. So sehr es mir gefallen würde, ausschließlich Talente zu fördern, geht es doch meistens um die Beseitigung von Durchschnittlichkeit oder akuten Kompetenzdefiziten, die sich zum Beispiel aus dem Einführen neuer Technologien und dem Verändern von Abläufen und Prozessen in der Organisation ergeben. Diese sollen dann schnellstmöglich in Angriff genommen werden, bevor sie sich auf das Jahresergebnis, das Betriebsklima oder das eigene Wohlbefinden auswirken. Zwar ist negative Aufmerksamkeit immer noch besser als gar keine Beachtung, aber ob eine solche Herangehensweise tatsächlich zur Motivation der Betroffenen beiträgt, ist zu bezweifeln. Bei dem Versuch, mit allen Mitteln »das Unerwünschte« zu beseitigen, geht auch Erhaltenswertes verloren.

*TWOS* hat einen anderen Ansatz: Statt Schwächen auszumerzen, werden die starken Anteile darin herausgefiltert und bewusst mit in den Lösungsprozess aufgenommen. Denn unseren Schwächen lässt sich allenfalls ein schlechtes Timing vorwerfen oder dass sie gerne übertreiben, aber keinesfalls, durch und durch schlecht zu sein. Stärken und Schwächen sind niemals absolut zu sehen. In unterschiedlichen Kontexten können sie sich sogar ins Gegenteil verkehren. Beispiele dafür begegnen uns tagtäglich. So ist Kreativität eine Grundvoraussetzung für Maler und Bildhauer, während bei Sicherheitsbeamten sofort der Alarm ausgelöst würde, sollten diese von der gewohnten Routine abweichen. Und wenn wir uns zwar beim Einkaufen bevorzugt in der Schlange der flinksten Kassiererin anstellen, wirkt Flinkheit bei einem Chirurgen eher beunruhigend. Indem wir lernen, vermeintliche Schwächen im passenden Kontext zu aktivieren und richtig zu dosieren oder zumindest den nützlichen Anteil darin zu sehen, werden sie zu einem Teil der Lösung. In jeder Schwäche verbirgt sich also auch eine gewisse Stärke.

Kommen Klienten zu mir, funktioniert in der Regel etwas nicht, wie es soll. Es besteht also ein Problem – nehmen wir mal an, dass immer wieder Fristen versäumt und Termine nicht eingehalten werden. Diesem Problem liegt eine Schwäche zugrunde, nämlich die der Unpünktlichkeit oder – um es moderner zu formulieren – ein schlechtes Zeitmanagement. Nun ist eine Schwäche nicht isoliert zu betrachten bzw. auf eine einzige Eigenschaft oder Fähigkeit zu reduzieren. Zeitmanagement zum Beispiel beinhaltet gleich mehrere Aspekte bzw. Fähigkeiten und Fertigkeiten, etwa richtige Zeiteinteilung, Priorisierung, Fokussierung auf das Wesentliche, Erstellung von Plänen oder konsequentes Abarbeiten von Aufgaben. Alles zusammen, also die Schwäche inklusive der Eigenschaften und Fähigkeiten, bildet das Handlungsfeld ab, auf dem sich der Betreffende in seiner Veränderungsarbeit bewegt. Nun kann es durchaus sein, dass er sich mit der Priorisierung und Fokussierung auf das Wesentliche schwertut, aber durchaus sehr konsequent ist. In dem Fall leider konsequent unpünktlich bzw. konsequent darin, die falschen Aufgaben abzuarbeiten und sich zu verzetteln. Diese Stärke (konsequentes Handeln) in der Schwäche (Unpünktlichkeit) kann sehr hilfreich bei der Etablierung von Verhaltensveränderungen und damit ein Teil der Lösung sein.

Bei *TWOS* umfasst der Leitsatz »Stärken stärken« demnach mehr als nur das Bestreben, ein Optimum auf Präferenzgebieten zu erzielen. Hier wird durch die differenzierte Betrachtungsweise von Schwächen auch das Maximum aus den

Lernfeldern herausgeholt. Da Entwicklung immer außerhalb der Komfortzone stattfindet, bedarf es neben herkömmlicher Coachingtools auch einer Portion Kreativität und dies umso mehr, je weiter Ist- und Soll-Zustand voneinander entfernt liegen. Erfahrungsgemäß springen einem nämlich auf den Lerngebieten nicht per se die Eigenschaften ins Auge, die zur Problemlösung nötig wären. So sucht man bei konfliktscheuen Personen erst einmal vergeblich nach Fähigkeiten wie Mut und Durchsetzungsstärke, so wie ein Perfektionist in seinem zwanghaften Bemühen nach Vollkommenheit eher zögerlich als spontan sein dürfte. Dafür steckt dann vielleicht in dem ersten Lerngebiet eine hohe Sensibilität, die zur Lösung eines Konfliktes beitragen kann, und im zweiten eine überdurchschnittliche Ausdauer, die für die Etablierung neuer Verhaltensweisen sogar extrem förderlich ist. Nach sorgfältiger Analyse aller Aspekte lässt sich auf ein breiteres Portfolio von Stärken und Ressourcen zurückgreifen, als es den meisten bewusst ist. Ans Ziel kommt man nicht nur über Hauptstraßen, sondern auch über Seitenwege. Dazu bedarf es neben einer guten Landkarte (dem *TWOS-Masterplan*) noch Pioniergeist, also des Willens, neue Wege zu beschreiten.

Wie so ein Kreativprozess aussehen kann, erfahren Sie in diesem Buch an zahlreichen Beispielen aus meiner Coachingpraxis. Dabei dient die Figur des Frank Lotse, eines IT-Spezialisten mit hohen kognitiven Fähigkeiten, aber emotionalen Defiziten, als Protagonist zur Veranschaulichung der Methodik. Er wird uns durch sämtliche Stufen des *TWOS-Masterplans* begleiten.

**Protagonist:** Im Rahmen eines 360-Grad-Feedbacks erhielt Frank negative Rückmeldungen zu seinen Führungsqualitäten, sodass er seine weitere Karriere bedroht sah. Der 35-jährige Diplom-Informatiker leitete in einem renommierten Technologie-Unternehmen ein Team von sechs Experten. Er war intelligent, konnte sehr gut analysieren und wurde als hervorragender Fachmann geschätzt. Bei Kollegen galt er als »Nerd«, dem es zwar mühelos gelinge, hochkomplizierte technische Probleme zu lösen, der aber an den Basics zwischenmenschlichen Miteinanders scheitere. Seine Mitarbeiter fühlten sich von ihm stets gut informiert, jedoch selten verstanden, geschweige denn emotional mitgenommen. Infolgedessen wurden Aufgaben entweder fehlerhaft oder verspätet erledigt. Frank reagierte mit erhöhtem Druck, was bei seinem Team weniger zur Leistungssteigerung als zur allgemeinen

Verunsicherung führte. Das Betriebsklima verschlechterte sich drastisch und damit auch seine Aussichten auf den begehrten Abteilungsleiterposten.

Mit klassischen Empathie-Übungen wäre der Informatiker völlig überfordert gewesen. Ein rationaler Mensch, der es nicht gewohnt ist, über Gefühle zu sprechen, muss die Emotionssprache erst lernen wie Fachtermini. Wie es gelang, Frank für dieses für ihn »befremdliche« Thema zu öffnen, und welches passgenaue Tool dazu führte, erfahren Sie in den nächsten Kapiteln. Vorab nur so viel: Am Ende erhielt mein Klient nicht nur die Beförderung, sondern auch seine Ehefrau zeigte sich sichtlich beeindruckt von den neuen Fähigkeiten ihres Mannes. Drei Monate nach Abschluss des Coachingprozesses erhielt ich von ihr eine E-Mail, in der sie sich herzlich bedankte. Offensichtlich hatte auch privat im Hause Lotse ein Stück Empathie Einzug gehalten.

**Fazit:** Mit ***To Win On Strength*** **nehmen Erfolg und Zufriedenheit in Ihrem Leben zu. Sie lernen systematisch, schwierige Aufgaben zu bewältigen, bestehende Ängste abzubauen und sich selbstbewusst neuen Herausforderungen zu stellen. Die Fokussierung auf Stärken und das Bearbeiten von Lernfeldern stellen dabei keinen Widerspruch dar. Im Gegenteil: Nur wer in seinem Streben nach dem Optimum die Komplexität des Menschen beachtet, wird nachhaltig erfolgreich sein.**

# 7 Der TWOS-Masterplan

Wer sich ein Ziel gesteckt hat und auf den Weg machen will, sollte einen Plan in der Tasche haben. Damit fällt es leichter, sich zu orientieren und den Herausforderungen auf der Basis äußerer Bedingungen und des eigenen Könnens zu stellen, statt sich zu verzetteln und wertvolle Ressourcen zu verschwenden. Mit der richtigen Strategie reduziert sich nicht nur kräftezehrendes Trial-and-Error-Verhalten, sondern auch die Angst vorm Scheitern.

Der *TWOS-Masterplan* liefert diese Strategie. Konkret bedeutet das: In fünf aufeinander aufbauenden Stufen arbeiten Sie systematisch heraus, welche Talente und ungenutzten Potenziale vorhanden sind.

- 1. Ziele definieren
- 2. Stärken ermitten
- 3. Motive erforschen
- 4. Strategien entwickeln
- 5. Maßnahmen umsetzen

In einem zielgerichteten Prozess werden Sie Zusammenhänge herstellen, fördernde oder hemmende Faktoren erkennen und positiv auf diese einwirken. Widerstände werden sichtbar gemacht und Maßnahmen zum Überwinden von Alltagsroutinen erarbeitet. In der Umsetzungsphase wird die neu erlernte Vorgehensweise von Ihnen als zunehmend erfolgreich erlebt und schließlich als besondere Fähigkeit wahrgenommen.

**Abb. 4:** TWOS-Masterplan® – 5 Stufen

Folgend die fünf Stufen im Überblick:

**1. Ziele definieren**
Zu Beginn wird genau festgelegt: Was wollen Sie erreichen und ist dieses Vorhaben überhaupt realistisch? Klare Ziele geben Orientierung und setzen Motivation frei. Dazu müssen sie konkret formuliert, messbar, attraktiv, realistisch und terminiert sein.

**2. Stärken ermitteln**
Ausgangspunkt jedes erfolgreichen Denkens und Handels sind die Stärken. Sie sind Ihr Startkapital! Deshalb verschaffen Sie sich in diesem zweiten Schritt einen Überblick über Ihre Ressourcen. Welche Stärken haben Sie an Bord? Welches Potenzial steckt in den Schwächen?

**3. Motive erforschen**
Auf dieser Stufe rücken Sie dem Anliegen respektive Problem zu Leibe. Informationen werden gesammelt und ausgewertet, um den effektivsten Hebel für die Veränderungsarbeit zu finden.

**4. Strategien entwickeln**

Im Kernstück des *TWOS-Masterplans* werden sämtliche Fakten zusammengefügt und Aktivitäten eingeleitet, um Erfolgsstrategien zu entwickeln. Bewährte Methoden gepaart mit einem guten Schuss Kreativität ergeben passgenaue Tools.

**5. Maßnahmen umsetzen**

Schlussendlich geht es darum, die entwickelten Maßnahmen erfolgreich und nachhaltig in die Praxis umzusetzen. Ziel erreicht!

Ein guter Plan ist aber nicht nur in sich logisch und effektiv, sondern auch so flexibel, dass er an die individuellen Gegebenheiten und Bedürfnisse angepasst werden kann. So kann es je nach Situation und Anlass sinnvoll erscheinen, zunächst die Stärken zu ermitteln, bevor es an die Zielformulierung geht, statt umgekehrt. Dies ist der Fall, wenn sich beispielsweise erst aus den ermittelten Potenzialen die Ziele ergeben. Wichtiger als die Einhaltung der exakten Abfolge der Bausteine ist es, den Weg konsequent bis zum Ende zu gehen.

Sie erhalten zu jedem einzelnen Schritt zahlreiche Beispiele zur Veranschaulichung. Sie werden jederzeit wissen: Warum mache ich das? Worauf muss ich achten? Worin liegen Chancen, aber auch typische Fallen? Und am Ende bekommen Sie noch Tipps und Tricks, wie Sie Ihren »inneren Schweinehund« überlisten können, wenn dieser Sie wieder einmal von etwas abhalten will.

**Zwischenfazit:** Mit dem *TWOS-Masterplan* halten Sie einen Leitfaden in Händen, um effizient und schnell Ihr Verhaltensrepertoire zu erweitern. Durch tägliches Training sowie mit Disziplin und Geduld werden Sie unerwünschte Verhaltensweisen ablegen und neue, gewinnbringende etablieren können. Wer sich diesen Zusammenhang bewusst macht, weiß, wie er seine Stärken kontinuierlich ausbauen und auch in unterschiedlichen Kontexten nutzen kann. So lassen sich schrittweise auf der Basis eigener Ressourcen neue Verhaltenskompetenzen für ein erfolgreiches und glückliches Leben aufbauen. Wenn Sie aktiv durch jede einzelne Stufe gehen, gewinnen Sie garantiert persönliche Fähigkeiten hinzu. *To Win On Strength!*

**Abb. 5:** TWOS-Masterplan® – Stufe 1

## 7.1 Stufe 1: Ziele definieren

Bei der Zielformulierung handelt es sich bereits um die erste wichtige Intervention. Allein durch die Identifikation Ihrer persönlichen Werte werden wichtige Prozesse wie Selbstreflexion und Bewusstmachung angeregt. Dies erfordert Sorgfalt, Klarheit und Konzentration auf das Wesentliche. Dabei können sich Wahrnehmungseinschränkungen und innere Blockaden zeigen, die nicht selten Ursache oder zumindest Teil des Problems sind. So wie es sich bei Problemen oftmals um auf den Kopf gestellte Lösungen handelt, beinhaltet auch jedes wohlformulierte Ziel häufig schon Lösungsansätze. Seien Sie nicht allzu überrascht, wenn es bereits hier zu Aha-Erlebnissen kommt.

Apropos Aha-Erlebnisse: Als ich in einem Führungsseminar über Sinn und Notwendigkeit von Zielen referierte, wie diese sich nicht nur auf die Orientierung von Mitarbeitern, sondern insbesondere auch auf deren Motivation auswirken, meldete sich ein Teilnehmer zu Wort und meinte, er habe dazu eine völlig andere Einstellung. Zum einen sei er erst vor Kurzem zur Führungskraft aufgestiegen und fände es daher albern, den Chef raushängen zu lassen. Zum anderen bräuchten seine Mitarbeiter von ihm keine konkreten Zielvorgaben, da sie ohnehin schon ein hohes Maß an Eigenengagement zeigten. Stolz berichtete er von den zahlreichen Überstunden, die sein hochmotiviertes Team freiwillig leisten würde.

Ich lud ihn zusammen mit allen anderen Teilnehmern kurzerhand zu einem kleinen Experiment ein, bei dem auch Sie, liebe Leserin und lieber Leser, gerne mitmachen können.

**Übung:** Stellen Sie sich bitte so in den Raum, dass Sie nach allen Seiten ausreichend Platz haben. Strecken Sie den rechten Arm nach vorne und drehen Sie Ihren Oberkörper so weit wie möglich im Uhrzeigersinn. Die Füße bleiben dabei fest auf dem Boden und Ihr Blick folgt dem ausgestreckten Zeigefinger, der am Ende der Bewegung auf einen bestimmten Punkt im Raum weisen wird. Merken Sie sich diesen Punkt und kehren Sie zurück in die Ausgangsposition. Wiederholen Sie den Vorgang – nun aber mit dem Ziel, den fixierten Punkt um zwei Zentimeter weiter nach rechts zu verschieben.

Wahrscheinlich haben Sie sich bei der zweiten Bewegung noch ein bisschen mehr recken und strecken müssen, es aber problemlos geschafft, Ihren Bewegungsradius zu erweitern. Besagter Teilnehmer verbesserte sein Ergebnis sogar um eine Handbreit. Aber wie war das möglich, wo es doch schon beim ersten Mal hieß, sich so weit wie möglich nach hinten zu drehen? Die Erklärung ist einfach: Sie haben soeben den Unterschied erlebt zwischen einem Bemühen *mit* und einem Bemühen *ohne* konkretes Ziel!

Klare Ziele mobilisieren Energien. Durch sie sind messbare Ergebnisse überhaupt erst möglich. Sobald der innere Kompass ausgerichtet ist, richten sich all unsere Sinne danach aus. Wir sehen, hören und fühlen primär die Dinge, die mit dem Ziel(-objekt) zu tun haben, was ihnen eine hohe Anziehungskraft verleiht. Je konkreter die Formulierung, desto effizienter der Prozess. Beim Besuch eines Bekannten in einer fremden Stadt geben Sie doch auch nicht nur den Wohnort ins Navigationsgerät Ihres Fahrzeugs ein, sondern ergänzen die Angabe um Straße und Hausnummer. Wenn dagegen Führungskräfte »erhöhte Qualität«, »geringere

Kosten«, »schnelle Umsetzung« oder »verbesserte Kommunikation« von ihren Mitarbeitern fordern, muss man sich nicht wundern, dass es zu Missverständnissen kommt. Derart vage Ausdrucksweisen tragen nur nach außen den Mantel der Genauigkeit. Das Ergebnis fällt entsprechend schwach aus.

Erfolgreiche Führungskräfte formulieren ihre Erwartungen konkret, knapp und konstruktiv. Der Fokus liegt auf dem, was man erreichen möchte, nicht darauf, was vermieden werden soll. Da unser Gehirn auf »Ja« programmiert ist, stiften Aussagen, die Negationen enthalten, tendenziell eher Verwirrung. In unserem Logikzentrum (bei Rechtshändern ist es die linke Gehirnhälfte) kommt dabei etwas anderes an als in unserem Emotionszentrum (rechte Gehirnhälfte). Formuliert beispielsweise jemand den Wunsch, nicht in Stress geraten zu wollen, merkt sich das Gehirn nur »Stress« und strebt fatalerweise genau diesen an. Negationen können nur über Umwege verarbeitet werden. Nichtsdestoweniger sind solche Nicht-Botschaften verbreitet wie ein hartnäckiger Virus.

**Fallbeispiel:** Eine Freundin von mir ärgerte sich immer wieder darüber, dass sie bei der Bestellung eines Latte Macchiatos und eines Stücks Kuchen selten beides gleichzeitig serviert bekam. Während der Kaffee nach wenigen Minuten vor ihr auf dem Tisch stand, ließ das Tortenstück auf sich warten oder umgekehrt. Irgendwann äußerte sie ihren Wunsch bereits bei der Bestellung, sendete dabei aber permanent Nicht-Botschaften: »Bringen Sie mir bitte den Kaffee nicht vor dem Kuchen!« Oder: »Achten Sie bitte darauf, dass der Kuchen nicht vor dem Kaffee kommt.« Der Effekt ihrer Bitte war gleich null. Stumpf wurde beides weiter getrennt serviert oder sogar eins von beiden vergessen. Erst als sie nach mehreren gescheiterten Versuchen darum bat, die Zubereitung des Latte Macchiatos so zu timen, dass beides zusammen serviert werden könne, klappte es mit dem perfekten Kaffee-und-Kuchen-Genuss.

Wenn Nicht-Botschaften schon bei so banalen Dingen missraten, dann können wir uns leicht vorstellen, was sie bei relevanten Themen bewirken können. Deshalb: Wenn Sie auf die Dringlichkeit einer Arbeit hinweisen wollen, dann sagen Sie besser **»Erledige das bitte sofort!«** statt »Vergiss nicht … «. Und die gehirngerechtere Variante von »Diesen Auftrag dürfen wir auf keinen Fall verlieren!« lautet demnach: **»Dieser Auftrag ist enorm wichtig für uns.«**

Die Krux bei Zielformulierungen ist häufig, dass wir zwar sehr genau wissen, was wir nicht mehr wollen, aber nicht, was wir stattdessen wollen. Und selbst wenn wir wissen, was wir wollen, ist es mit einer positiven Ausdrucksweise allein noch nicht getan. Kommt jemand mit dem Wunsch zu mir »Ich will erfolgreich sein!«, dann ist dies zwar konstruktiv und knapp formuliert, aber keineswegs konkret. Denn während Erfolg für den einen Ruhm und Ansehen bedeutet, strebt ein anderer vielleicht eine bestimmte Karriere oder wirtschaftlichen Wohlstand an. Weiterhin ließen sich – um bei dem Beispiel zu bleiben – der Grad der Prominenz, die genaue Position im Unternehmen oder der exakte Kontostand festlegen. Schließlich divergieren die Ansichten, ab wann jemand berühmt respektive wohlhabend ist. Formulieren Sie also so präzise wie möglich!

Damit Ihr Unterbewusstsein die Sache auch ernst nimmt, sollten Sie Ihr Ziel zudem in der ersten Person (Ich-Perspektive) und im Präsens formulieren. Schließlich hört sich »Ich *könnte* Filialleiter werden« wie eine schwammige Floskel an, wohingegen der Satz »Ich *bin* bis Dezember dieses Jahres Filialleiter!« keinen Zweifel daran lässt, was Sie wann erreichen wollen. Wenn Sie die Kraft Ihrer Zielformulierung noch steigern wollen, sollten Sie sie aufschreiben. Durch die schriftliche Fixierung wird Ihr Ziel handfest und verbindlich. Das ist ein bisschen so, als würde man einen Vertrag mit sich selbst schließen. Solange wir uns nur vornehmen, wieder öfter joggen zu gehen, kommen wahrscheinlich zahlreiche Anlässe dazwischen, die das Laufen zu diesem Zeitpunkt als schwierig oder gar undurchführbar erscheinen lassen. »Was soll's! Schließlich reicht es ja auch noch, wenn ich nächste Woche mit dem Joggen beginne«, reden wir uns die Inkonsequenz nur allzu gerne schön. Erst wenn der Trainingsplan und die Verabredung mit dem Laufpartner stehen, wird das Vorhaben umgesetzt.

Sollten uns gleich mehrere Themen im Kopf herumschwirren, die gefühlt alle von größter Bedeutung sind, heißt es allein aus Gründen der Effizienz, »die Spreu vom Weizen« zu trennen und sich auf ein Thema zu konzentrieren. Da uns Menschen nur ein begrenztes Kontingent an Willenskraft zur Verfügung steht, würden wir zwei Vorhaben, die uns gleichermaßen Disziplin abverlangen, mit recht unterschiedlichem Erfolg abschließen.

Eine solche Hierarchisierung unserer Ziele hilft aber nicht nur dabei, diese zu priorisieren, sondern strukturiert auch komplexe Zusammenhänge. So werden allein durch die Gegenüberstellung der verschiedenen Anliegen sowohl Gemeinsamkeiten als auch Abhängigkeiten erkennbar. Stellen Sie Fragen wie:

- Warum will ich die jeweiligen Ziele unbedingt erreichen?
- Was verbindet Ziel A mit Ziel B?
- Welche Zusammenhänge würden Außenstehende (z. B. mein Chef oder Partner) sehen?
- Was steht im Widerspruch?
- Welche Auswirkungen hätte es auf Ziel A, wenn ich Ziel B zuerst erreichen würde?
- Welches Bedürfnis oder welche Befürchtung steckt jeweils dahinter?

**Tipp:** Wenn bei Ihnen ein Zielkonflikt vorliegt, notieren Sie sich Ihre Antworten auf obige Fragen auf einem Blatt Papier und reduzieren Sie sie auf die Kernaussagen. Markieren Sie anschließend Verknüpfungen mit grünen und Abhängigkeiten mit roten Pfeilen. Welcher Oberbegriff ließe sich für dieses Zielkonstrukt finden? Mit der Antwort auf diese Frage haben Sie Ihr Hauptthema gefunden.

Um das Kernanliegen meiner Klienten herauszufinden oder auch nur zu prüfen, ob wir uns auf dem richtigen Weg befinden, lasse ich sie in meinem Coaching gerne aussagekräftige Sätze aufschreiben, die zu ihrer aktuellen Lebenslage passen. Das können Sinn- und Motivationssprüche oder allgemeine Weisheiten sein, wie sie in Kalendern und auf bunten Postkarten stehen. Manche meiner Coachees tragen auch bestimmte Glaubenssätze oder Durchhalteparolen mit sich herum, die viel über ihre Bedürfnisse, Sehnsüchte und Werte verraten. Ein Satz wie »Bleib dir selber treu!« könnte auf einen inneren Konflikt hinweisen, beispielsweise wenn eine Führungskraft etwas durchsetzen muss, wovon sie selber nicht überzeugt ist.

**Fallbeispiel:** So erging es zumindest Carmen, 41-jährige Projektleiterin in einem Modekonzern. Sie beschrieb ihre Arbeitssituation als extrem schwierig, vor allem, weil man ihr einerseits nahelegte, keine kritischen Fragen zu den laufenden Projekten zu stellen, sie andererseits aber in die Verantwortung nahm, wenn aufgrund mangelnder Informationen Fehler entstanden. Dadurch hatte sich bei ihr nicht nur Wut angestaut, sondern auch Selbstzweifel hatten sich eingestellt. Der erste Entwurf ihrer Zielformulierung lautete daher: »Unterstützen Sie mich dabei, wieder zufrieden zu sein und an mich glauben zu können!«

Der Präzisierung wegen fragte ich sie nach ihrer Definition von »Zufriedenheit«. Als Antwort kamen die drei Punkte Zeit für mich, Gestaltungsfreiheit und Wirksamkeit, wobei sich »Zeit für mich« als dringlichster Wunsch erwies. Auf die Frage, wofür sie diese Zeit benötige, gab Carmen an, Energie haben zu wollen, um erfolgreicher zu sein. »Erfolg« bedeute in dem Fall für sie, eigene Zielvorgaben zu erreichen.

Diese Formulierung erschien mir sonderbar. Entweder kommen die Ziele aus einem selbst heraus, oder sie werden von anderen vorgegeben. Tatsächlich stellte sich heraus, dass weder das Unternehmen noch ihr direkter Vorgesetzter ihr konkrete Ziele vorgaben. Stattdessen wurde sie – als Mitarbeiterin – aufgefordert, diese selbst zu definieren, und zwar sowohl quantitativer als auch qualitativer Art. Da die Projektleiterin sich dabei nicht an dem orientierte, was sie persönlich für sinnvoll und machbar hielt, sondern Mutmaßungen darüber anstellte, was man von ihr wohl erwartete, handelte es sich nur scheinbar um ihre ureigenen Ziele.

Erschwerend hinzu kam, dass es nach mehreren Kurskorrekturen des Konzerns tatsächlich keine erkennbare Strategie gab. Carmen schwamm also in jeglicher Hinsicht. Zu der Aufgabenvielzahl kamen infolge der ungerechtfertigten Kritik noch Zweifel an den eigenen Fähigkeiten. Ihr Pflichtgefühl, aber vor allem ihr Ehrgeiz, stets gute Leistung bringen zu wollen, hatten sie in eine Spirale gebracht, die schlimmstenfalls im Burn-out enden würde. Ihr eigentliches Thema lautete daher: Klärung von Verantwortlichkeiten.

Eine genaue Betrachtung von Zielformulierungen lohnt sich in vielerlei Hinsicht. Als Coach frage ich meine Klienten »Wobei soll ich Sie unterstützen?« oder »Was wollen Sie erreichen?«. Selten erhalte ich darauf konkrete Aussagen, eher umfassende Problembeschreibungen, die es zu übersetzen und zu verstehen gilt. Einige Klienten formulieren gar keine persönlichen Ziele, sondern solche, die als allgemein erstrebenswert gelten oder vom Vorgesetzten mit auf den Weg gegeben wurden. Das Problem dabei ist: Nur der eigene innere Antrieb erzeugt genügend Energie und Entschlossenheit, um die gesteckten Ziele auch zu erreichen.

**Tipp:** Aus diesem Grund rate ich: Schauen Sie sich Ihr Ziel noch einmal genauer an. Vielleicht steckt mehr dahinter, als auf den ersten Blick zu erkennen ist. Fragen Sie sich:

- Welche Absichten und Gefühle verbinde ich mit dem Ziel?
- Steht mein Ziel in Einklang mit meinen Wertvorstellungen?
- Stimmt mein Ziel mit dem übergeordneten Ziel (z. B. Lebensplan oder Unternehmensstrategie) überein?

Denn sollte sich hier ein Widerspruch zeigen, wird das Vorhaben eher nicht von Erfolg gekrönt sein.

Denselben negativen Effekt hat es, wenn Sie sich nicht der möglichen Konsequenzen Ihres Vorhabens bewusst sind. Bei einer Beförderung könnte es beispielsweise sein, dass Sie aufgrund unpopulärer Entscheidungen an Beliebtheit bei den ehemaligen Kollegen und jetzigen Mitarbeitern einbüßen. Wer sich von den Folgen erreichter Ziele überraschen lässt, läuft Gefahr, sich nach alten Verhältnissen zurückzusehnen und in alte Muster zurückzufallen. Fertigen Sie deshalb vorher eine Kosten-Nutzen-Analyse an. Machen Sie den nächsten Schritt erst, wenn Sie sich aller Konsequenzen bewusst sind und ein überzeugtes »Ja« dazu haben.

### *7.1.1 Smarte Ziele formulieren*

Was für den Handwerker Hammer und Zollstock sind, ist für den Manager die SMART-Formel. Mit diesem Werkzeug lässt sich überprüfen, ob das Ziel »geschärft« genug ist. Die fünf Anfangsbuchstaben stehen jeweils für bestimmte Begriffe bzw. Kriterien – wie folgende Übersicht zeigt:

| S | M | A | R | T |
|---|---|---|---|---|
| spezifisch | messbar | attraktiv | realistisch | terminiert |
| Ein Ziel sollte konkret, eindeutig und präzise formuliert sein. Es ist unmissverständlich zu benennen, worum es geht. | Es werden quantitative und qualitative Kriterien vereinbart, anhand derer Veränderungen und Fortschritte beobachtet und gemessen werden können. | Ein Ziel soll Ansatzpunkte für positive Veränderung aufzeigen. Es muss gleichermaßen anziehend und wichtig sein. Nur so werden alle verfügbaren Ressourcen mobilisiert. | Ein Ziel sollte ambitioniert, aber immer noch erreichbar sein. | Ein Ziel sollte klar terminiert sein. Feste Zeitangaben hinsichtlich Start, Dauer und Ende erhöhen die Umsetzungswahrscheinlichkeit um ein Vielfaches. |

**Abb. 6:** SMART-Formel

Auch wenn nicht alle Kriterien bei jedem Ziel gleichermaßen erfüllbar sind, handelt es sich bei dieser Formel um ein äußerst zweckdienliches Tool.

**Protagonist:** Frank Lotse wusste genau, was er wollte, nämlich die Beförderung zum Abteilungsleiter bis Ende des Jahres. Als er sein Anliegen entsprechend aufschrieb, war an der Formulierung auch nichts auszusetzen. Sie war konkret, knapp und konstruktiv. Da es sich bei dem Beförderungswunsch eher um ein übergeordnetes Ziel handelte, das Coaching nach eigener Aussage aber weniger die strategische Karriereplanung als vielmehr das Thema Soft Skills zum Inhalt haben sollte, musste nachjustiert werden.

Grundlage unseres Coachings war das Ergebnis aus dem Assessment-Center, das besagte, dass es dem IT-Experten an kommunikativen Fähigkeiten mangelte und er seine Gesprächspartner emotional nicht mitnahm. Bei seinen Mitarbeitern hatte seine technisch-formale Art der Kommunikation zu Missverständnissen und Fehlern geführt. Also bat ich ihn, sein Ziel anhand der nachfolgend genannten Kontrollfragen neu zu formulieren:

| S | M | A | R | T |
|---|---|---|---|---|
| spezifisch | messbar | attraktiv | realistisch | terminiert |
| Was genau soll erreicht werden? Welche Fähigkeiten werden angestrebt? Wer ist beteiligt? | Wann weiß ich, dass ich das Ziel erreicht habe? Woran kann die Zielerreichung gemessen werden? | Wirkt das Ziel motivierend? Wird es von den Beteiligten akzeptiert? | Ist das gewünschte Ziel unter den Rahmenbedingungen erreichbar? Ist es machbar? | Bis wann soll das Ziel erreicht werden? Welcher Zeitrahmen steht zur Verfügung? |
| *Ich will/werde auf die Gedanken und Gefühle meiner Mitarbeiter eingehen, um sie emotional mitzunehmen.* | *Wenn keine Rückfragen kommen und die Aufgaben termingerecht erledigt werden.* | *Um zum Abteilungsleiter befördert zu werden, muss ich lernen, empathisch zu sein.* | *Für Umsetzung und Training kann ich mir täglich 15 bis 30 Minuten Zeit nehmen.* | *Start: Montag – Entscheidung über die Beförderung in sechs Wochen.* |

**Abb. 7:** SMART-Formel – Kontrollfragen

Die smarte Zielformulierung von Frank Lotse lautete schlussendlich: »Bitte unterstützen Sie mich dabei, Anweisungen und Sachinhalte meinen Mitarbeitern gegenüber verständlich und wertschätzend zu kommunizieren, um sie auch emotional mitzunehmen.«

**Übung: Smarte Ziele formulieren**

Nun versuchen Sie es selbst einmal. Formulieren Sie mithilfe der Kontrollfragen Ihr persönliches Ziel.

| Zielkriterium | | Kontrollfragen | smartes Ziel |
|---|---|---|---|
| **S** | spezifisch | Was genau soll erreicht werden? Welche Fähigkeiten werden angestrebt? Wer ist beteiligt? | |
| **M** | messbar | Wann weiß ich, dass ich das Ziel erreicht habe? Woran kann die Zielerreichung gemessen werden? | |
| **A** | attraktiv/ akzeptiert | Ist das Ziel motivierend? Wird es von den Beteiligten akzeptiert? | |
| **R** | realistisch | Ist das gewünschte Ziel unter den Rahmenbedingungen erreichbar? Ist es machbar? | |
| **T** | terminiert | Bis wann soll das Ziel erreicht werden? Welcher Zeitrahmen steht zur Verfügung? | |

**Abb. 8:** Übung »Smarte Ziele formulieren«

## *7.1.2 Vom Start zum Ziel*

Um sich den Status quo zu vergegenwärtigen und gleichzeitig Energie zu mobilisieren, werden zu Beginn des Prozesses Ist- und Soll-Zustand gegenübergestellt. Dazu werden zunächst alle auf die Thematik bezogenen unerwünschten Gedanken, Emotionen und auch körperlichen Symptome (Ist-Zustand) zusammengetragen.

Beispiele: »Ich stehe unter enormem Druck« oder »Ich fühle mich als Versager!«. Die Sätze können aber auch ausdrücken, was die Situation mit einem macht: »Ich schlafe seit Wochen schlecht!«, »Ständig drehen sich meine Gedanken im Kreis!« oder »Inzwischen traue ich mir überhaupt nichts mehr zu!«. Wer es prägnanter mag, verwendet einzelne Adjektive, in diesem Fall: erschöpft, verwirrt und unsicher. Mit den erwünschten Gedanken, Emotionen und Symptomen auf der Soll-Seite geht man gleichermaßen vor.

Die komprimierte Form der Auflistung von negativen Gefühlen wirkt bei vielen Menschen wie ein heilsamer Schock. Sie zeigt nicht nur, wie »unkomfortabel« ihre Komfortzone ist, sondern führt im nächsten Schritt auch dazu, sich die Zukunft in den schönsten Farben auszumalen. Dabei bitte niemals kleckern, sondern klotzen! *»Zielst du zum Mond und verfehlst ihn, landest du noch immer zwischen den Sternen«*, formulierte Friedrich Nietzsche es einst. Soll heißen: Ambitionierte Ziele, die knapp verfehlt werden, bringen einen immer noch weiter als zu vorsichtig gesetzte Zielmarken. Oftmals *über*schätzen wir den Aufwand, den wir zur Zielrealisierung betreiben müssen, und *unter*schätzen die eigenen Fähigkeiten. Denken Sie deshalb groß – vor allem von sich selbst!

**Übung: Ist-Soll-Analyse**

Tragen Sie Ihre Gedanken, Gefühle und Symptome hinsichtlich Ihrer Thematik in das Kästchen unten links in folgender Grafik ein.

Erhöhen Sie anschließend die Wirkung Ihres Ziels, indem Sie das Ziel-Bild mit bunten Farben, Fotos oder kleinen Gegenständen ausschmücken, die bei Ihnen positive Emotionen hervorrufen. Es geht bei dieser Übung darum, Ihre Sehnsüchte und Ihr Verlangen zu wecken, schnellstmöglich Ihre Komfortzone zu verlassen. Die Verbindung zwischen den beiden Zuständen »Ist-Zustand« und »Soll-Zustand« zeichnen Sie als Leiter. Sie zeigt die Fortschritte an, die erfolgen, wenn Sie Stufe für Stufe den *TWOS-Masterplan* erklimmen.

**Abb. 9:** Übung »Ist-Soll-Analyse«

**Zwischenfazit:** Klare Ziele geben Orientierung und Motivation. Aus ihnen leitet sich der Weg ab. Dazu müssen sie konkret formuliert, messbar, attraktiv, realistisch und terminiert sein. Sie bilden die Basis für einen effizienten Prozess. Magische Anziehungskraft verleiht man Zielen, indem man sie aufschreibt und visualisiert.

**Abb. 10:** TWOS-Masterplan® – Stufe 2

## 7.2 Stufe 2: Stärken ermitteln

Wissen Sie eigentlich, was Sie persönlich ausmacht? Was Sie richtig gut, einigermaßen oder überhaupt nicht können? Erfahrungsgemäß beschäftigen sich die meisten Menschen eher mit Letzterem. Wenn ich meine Klienten nach ihren Schwächen frage, erfolgt eine ebenso detaillierte wie umfangreiche Auflistung von Eigenschaften, derer sie sich für unfähig erachten. Bei der Frage nach den Stärken hingegen ist spätestens nach Position drei Schluss. Daraus könnte man den Schluss ziehen, diese Menschen bestünden hauptsächlich aus Defiziten. Dabei zeigt sich bei gezieltem Nachfragen schnell, was sie in ihrem Leben schon so alles auf die Beine gestellt haben.

Der Grund für das fehlende Stärken-Bewusstsein liegt darin, dass wir uns zu wenig mit unseren Stärken beschäftigen. Vieles von dem, was wir wirklich gut können, betrachten wir als selbstverständlich. Ein toller Organisator ist selten stolz darauf, gut organisieren zu können, vor allem dann, wenn er fast nichts dafür tun muss. Das Können wird oft nur dann als Stärke (an-)erkannt, wenn man es sich mühsam angeeignet hat. Hinzu kommt die gesellschaftliche Stigmatisierung von Personen, die sich ihrer Stärken bewusst sind und diese selbstbewusst nach außen tragen. Es scheint ein schwieriger Balanceakt zu sein, die richtige Mischung zwischen einem gesunden Selbstbewusstsein und einer übertriebenen Selbstdarstellung zu finden, um in einem Land, in dem der Glaubenssatz »Eigenlob stinkt!« fest verankert ist, nicht als arrogant zu gelten.

Machen Sie sich frei von solchen Vorurteilen! Gehen Sie mit ungebremster Freude auf Entdeckungsreise und finden Sie Ihre Stärken heraus. Prüfen Sie auch, ob einzelne Talente synergetisch in Beziehung stehen oder sich »schädliche Mischungen« ergeben – zum Beispiel, wenn Ehrgeiz gepaart mit Disziplin in der Summe zur Verbissenheit wird.

### *7.2.1 Selbstanalyse*

Begeben Sie sich zunächst einmal selbst auf die Suche nach Ihren inneren Schätzen. Diese beinhalten sowohl natürliche Begabungen als auch Wissen und besondere Fertigkeiten. Lassen Sie alles mit einfließen, was zur Hebung Ihrer Kostbarkeiten beiträgt. Denken Sie darüber nach, wofür Sie das meiste Lob erhalten, zu welchen Themen Sie um Rat gefragt werden oder wobei Sie Ihre größte Leidenschaft entwickeln. Vielleicht erinnern Sie sich auch daran, womit Sie sich als Kind viel und gerne beschäftigt haben. Notieren Sie auch vermeintliche Kleinigkeiten aus dem beruflichen wie privaten Kontext.

**Tipp:**
***Stellen Sie die richtigen Fragen***
Nach dem Motto »Gut gefragt ist halb gewonnen!« kommen Sie auch bei der Analyse Ihrer Stärken am schnellsten mit den richtigen Fragen zu guten Antworten. Diese könnten wie folgt lauten:

1. Worin kenne ich mich gut aus?
2. Was tue ich besonders gerne?
3. Was sind meine größten Erfolge?
4. Welche sind meine fachlichen Kompetenzen?
5. Was sind meine Hobbys?
6. Was fällt mir in meinem beruflichen Aufgabenbereich leicht?
7. Was fällt mir im Umgang mit Kollegen, Freunden etc. leicht?
8. Was schätzen andere an mir?

***Definieren Sie Bewertungskategorien***

Manche Menschen tun sich allein schon mit dem Begriff »Stärke« schwer, weil sie einen sehr strengen Maßstab an sich selbst legen. Um richtig einschätzen zu können, ob es sich bei einer Eigenschaft oder Fähigkeit um eine wirkliche Stärke handelt, empfiehlt sich eine Skalierung. Erstellen Sie drei Kategorien: von 1. »Das fällt mir leicht« über 2. »Dafür bekomme ich von anderen Komplimente« bis hin zu 3. »Darin bin ich besonders gut!«. Alle Fähigkeiten der Kategorie drei kommen auf Ihre Liste. Wandeln Sie Sätze in einzelne Adjektive oder Nomen um. Statt »Ich male gerne« notieren Sie sich die Fähigkeit, die man zum Malen braucht, also entweder »kreativ« oder »Kreativität«.

***Begründen Sie Ihre Auswahl***

Füllen Sie Ihre Stärken-Begriffe mit Leben, indem Sie gleich eine Begründung oder Bedeutung mitliefern. Warum denke ich von mir, kreativ zu sein, und was genau verstehe ich unter dem Begriff »Kreativität«? Vergleichen Sie Ihre Interpretation mit der allgemeinen Definition. So beugen Sie Fehlinterpretationen oder einer falschen Selbstwahrnehmung vor.

Ein Klassiker an Fehleinschätzung aus meinem beruflichen Alltag ist die feste Überzeugung von Führungskräften, hoch empathisch zu sein. Schließlich kämen sämtliche Kollegen und Kunden mit ihren Problemen zu einem gerannt, weil man sich gut in Situationen hineindenken könne und immer eine Lösung parat habe. Die Verwendung der Wortkombination »hinein-denken«, zumal in Verbindung mit »Lösungen vorgeben«, lässt mich regelmäßig aufhorchen. Denn insbesondere bei gefühlsbetonten Themen geht es weniger um das kognitive Begreifen als vielmehr um das emotionale Einfühlen. Während der vom neuen PC-Programm genervte Kollege den Hinweis, man solle es mal mit folgender Tastenkombination probieren, noch dankend annimmt, wollen Mitarbeiter oder Kollegen, die sich in seelischen Nöten befinden, gar keine Lösung, sondern erst einmal in ihrem Schmerz gesehen werden. Begegnet man ihnen mit Ratschlägen statt mit Einfühlungsvermögen oder zumindest Verständnis, hat das mit Empathie nicht viel zu tun.

***Ergänzen Sie Ihre Liste***

Schauen Sie sich in Ruhe die nachfolgende Tabelle an. Streichen Sie die Fähigkeiten an, die Sie als Ihre Stärken bezeichnen. Markieren Sie anschließend die fünf Begriffe, die bei Ihnen am stärksten ausgeprägt sind, und ergänzen Sie Ihre Notizen um diese.

| Stärkenliste | | |
|---|---|---|
| Überzeugungskraft | strategisches Denken | Kreativität |
| Flexibilität | Fähigkeit zu genießen | Mut |
| Selbstsicherheit | Durchsetzungskraft | Autorität |
| Strukturierung | Selbstständigkeit | Kontaktfreude |
| Glaubwürdigkeit | Lernbereitschaft | Vielseitigkeit |
| Kommunikation | Zahlenverständnis | Neugier |
| Zuverlässigkeit | analytisches Denken | Ausdauer |
| Ausgeglichenheit | Leistungsbereitschaft | Humor |
| Entschlossenheit | Konzentration | Offenheit |
| Auffassungsgabe | Aufgeschlossenheit | Empathie |
| Spontanität | Führungsfähigkeitt | Sprachentalent |
| Belastbarkeit | Menschenkenntnis | Präzision |
| Aufmerksamkeit | Experimentierfreude | Optimismus |
| Durchhaltevermögen | Emotionalität | Teamgeist |
| Zielorientierung | Organisationstalent | Delegation |
| Aktives Zuhören | Verantwortung | Merkfähigkeit |
| Gewissenhaftigkeit | Anpassungsfähigkeit | Selbstreflexion |
| Konfliktfähigkeit | Motivationsfähigkeit | Musikalität |
| Urteilsvermögen | Zeitmanagement | Kritikfähigkeit |

**Abb. 11:** Stärkenliste

***Holen Sie Fremdeinschätzungen ein!***
Was wir von uns selber denken, ist nicht immer identisch mit dem Bild, das andere von uns haben. Bitten Sie etwa sechs Personen aus dem näheren Umfeld um ihre Mithilfe. Wählen Sie jeweils zwei Personen aus Ihrem beruflichen, familiären und aus Ihrem Freizeit-Bereich aus und bitten Sie, charakteristische positive Eigenschaften aufzuschreiben, die Sie nach deren Meinung besonders auszeichnen. Fordern Sie ungeschönte Wahrheiten, keine Gefälligkeitsgutachten.

Alternativ können Sie Ihren Unterstützern auch die nachfolgenden Fragen vorlegen, die in ihren Ansätzen auf den Philosophen *Niccolo Machiavelli* zurückgehen. Die Antworten übertragen Sie anschließend in eine Tabelle. Passen Sie die Spaltenanzahl der Anzahl an Rückmeldungen an, sodass Sie eine gute Übersicht aller Sichtweisen erhalten. Gleichen Sie die Ergebnisse mit Ihrer eigenen Meinung ab. Übereinstimmungen können Sie als Bestätigung sehen, Abweichungen und Widersprüche bedürfen einer genaueren Betrachtung.

| Fragen | Eigene Antwort | 1. Person | 2. Person |
|---|---|---|---|
| Welche Stärken habe ich? | | | |
| Was kann ich besser als andere? | | | |
| Womit beschäftige ich mich am liebsten? | | | |
| Was gelingt mir wie von selbst? | | | |
| Was kann ich mir ohne große Übung gut merken | | | |

**Abb. 12:** Stärken-Fragebogen

> Jeder Mensch ist mit seinem Steckbrief aus Werten, Verhalten und Kompetenzen ein Unikat.

### *7.2.2 Persönlichkeitsmodell*

Da die Frage »Was kann ich?« auch immer eine Frage des »Wer bin ich?« ist, versuchen Psychologen schon seit Jahrzehnten, menschliches Fühlen, Denken und Verhalten in plausiblen Persönlichkeitsdimensionen zu beschreiben. In der Literatur finden sich etliche Ansätze, die sich je nach Herkunft und Ausrichtung unterscheiden. Zwar ist jeder Mensch ein Individuum mit persönlichen Besonderheiten, und doch existieren Gemeinsamkeiten, die kennzeichnend sind für einen bestimmten Menschtypus. Dabei geht es keineswegs darum, aufgrund von oberflächlichen Verhaltensweisen oder des Kleidungsstils auf eine bestimmte Persönlichkeit zu schließen, so wie es Hobbypsychologen gerne tun. Das würde nur Vorurteile und Schubladendenken fördern. Es geht um die fundierte Kategorisierung, für die eine Vielzahl von Messmethoden zur Verfügung stehen. Ohne den Anspruch zu haben, einen Menschen zu einhundert Prozent zu erfassen, können solche Analyseverfahren verlässliche Aussagen über individuelle Verhaltensweisen, Charaktereigenschaften, Werte und Lebensmotive machen.

Während meine Klienten im Coaching für die Ermittlung ihrer Stärken ein spezielles Profiling durchlaufen, nutze ich in meinen Seminaren am häufigsten das *Riemann-Thomann-Modell.* Es bietet den Vorteil, schnell brauchbare Ergebnisse aufzuzeigen, ohne dabei oberflächlich zu sein. Zu wissen, wie jemand tickt, gibt Aufschluss über dessen Stärken. Von daher dürften auch Sie bei der Anwendung dieses Persönlichkeitsmodells nützliche Erkenntnisse über sich selbst gewinnen.

Die beiden Psychologen *Fritz Riemann* und *Christoph Thomann* unterscheiden in ihren Büchern »Grundformen der Angst« (Riemann, 1961) und »Klärungshilfe 1: Handbuch für Therapeuten, Gesprächshelfer und Moderatoren in schwierigen Gesprächen« (Thormann, 1988) vier Grundcharaktere:

- Der **Distanz-Typ** grenzt sich von anderen Menschen ab, um sich abzuheben. Er arbeitet eigenständig, zeigt sich konfliktbereit und liebt die Unabhängigkeit. Er agiert und diskutiert vorwiegend auf der Sachebene.
- Der **Nähe-Typ** hingegen wünscht sich vertrauten Kontakt in einem Team. Er kann in einer harmonischen Atmosphäre am produktivsten arbeiten, kümmert sich gerne um die Belange anderer und zeigt sich dabei empathisch.
- Der **Dauer-Typ** setzt auf Zuverlässigkeit und Ordnung. Er arbeitet strukturiert, ist sehr gut organisiert, plant mit Vorsicht und Voraussicht. Er übernimmt Verantwortung und mag klare Hierarchien, weswegen er – genau wie der statusbewusste Distanz-Typ – oft in Führungspositionen zu finden sind.
- Der **Wechsel-Typ** ist kreativ, mag den Reiz des Unbekannten. Abenteuer sind ihm lieber als festgefahrene Strukturen. Er reagiert schnell und flexibel, ist gesellig und neigt zu unorthodoxen Arbeitsweisen.

Daraus ergeben sich die vier Pole: Distanz- und Abgrenzungsfähigkeit versus Verbindungs- und Hingabefähigkeit sowie Beständigkeit und Wesenstreue versus Flexibilität und Wandlungsfähigkeit. Grundsätzlich sind alle vier Tendenzen in jedem Menschen vorhanden, von denen sich – je nach genetischer Veranlagung, Sozialisierung und Situation – ein oder zwei besonders ausgeprägt zeigen. Dabei gibt es weder Gut noch Schlecht, denn jede der vier Grundstrebungen hat ebenso Licht- wie Schattenseiten.

Die Einschätzung der Persönlichkeit hinsichtlich ihrer Ausprägung erfolgt dabei in einem zweidimensionalen Koordinatensystem. Dabei wird zwischen einer räumlichen Dimension (Nähe/Distanz) und einer zeitlichen Dimension (Dauer/Wechsel) unterschieden.

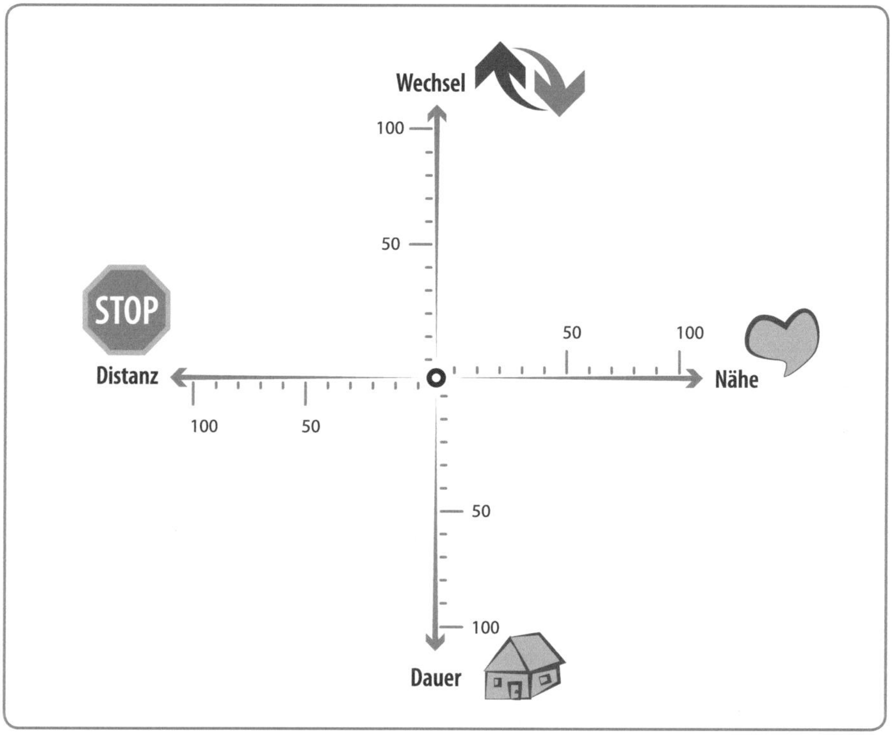


**Abb. 13:** Persönlichkeit – vier Pole

Auch wenn wir alle Anteile besitzen und – je nach Situation – zwischen den Polen pendeln, macht deren Ausprägung letztendlich unsere Persönlichkeit aus. Besitzt jemand beispielsweise auf der Raumachse 70 Prozent Nähe- und 30 Prozent Distanzanteile und auf der Zeitachse jeweils 50 Prozent Dauer und Wechsel, erhält man aus beiden Koordinaten sein ungefähres »Heimatgebiet«. Dieses lässt sich zwar durch persönliche Entwicklung vergrößern, aber niemals komplett verschieben. Im Kern bleibt jeder der, der er ist. Das heißt: Ein Mensch, der von seiner Veranlagung her eher introvertiert ist, mutiert weder aufgrund bestimmter Erfahrungen noch durch bewusste Weiterbildung zur »Rampensau«. Aber er kann lernen, wie er bei Network-Veranstaltungen Kontakte knüpft und Gespräche führt, in denen er sich wohlfühlt. Die Befürchtung mancher Klienten, dass sie durch Coaching womöglich »umgepolt« würden, erweist sich somit als absolut unbegründet.

Interessant ist, dass die polaren Persönlichkeitsmerkmale auf die tief verwurzelte Sehnsucht nach dem Gegenpol verweisen. Der kühle und unabhängige Distanz-Typ wird sich immer von Emotionalität und Nähe angezogen fühlen, so wie der Wechsel-Typ in seinem Chaos und seiner Flatterhaftigkeit Halt im Element Dauer sucht. Am wohlsten fühlen sich Menschen aber, wenn sie sich nahe ihrem Heimatgebiet befinden. Das bedeutet: Ein Nähe-Typ ist dann zufrieden und produktiv, wenn er mit anderen in Kontakt gehen darf, ein Distanz-Typ, wenn ihm genügend Freiraum zugestanden wird.

Im folgenden Abschnitt werden Sie die vier Grundtypen kennenlernen. Dabei sind die jeweiligen Charaktere samt ihren typischen Eigenschaften bewusst zum Zwecke der besseren Abgrenzung überzeichnet. Tatsächlich treten die Persönlichkeitsanteile weder in ihrer Reinkultur noch isoliert auf. Die Zuweisung von Mann und Frau ist willkürlich gewählt und lässt sich genauso gut umkehren.

Schauen Sie, mit welchem der dargestellten Charaktere Sie sich am meisten identifizieren können. Dann dürften auch viele der zugeschriebenen Stärken auf Sie zutreffen. Gemeinsamer Ausgangspunkt ist eine Szene aus dem beruflichen Alltag. Stellen Sie sich vor, Sie sind in einem mittelständigen Unternehmen beschäftigt, das gerade dabei ist, sich global auszurichten. Dafür sind viele Änderungen nötig, insbesondere struktureller Art. Sehr schnell zeigt sich, dass die Mitarbeiter unterschiedlich auf diesen Change-Prozess reagieren.

> **Herr Distanz** hat es mit seiner hohen Kompetenz und Zielstrebigkeit innerhalb kürzester Zeit vom Sachbearbeiter zum Bereichsleiter gebracht. Das beschert ihm nicht nur eine prestigeträchtige Stellung, sondern auch ein eigenes Büro. In dem Großraumbüro, wo Herr Distanz zuerst zusammen mit allen anderen saß, kam es bereits nach kurzer Zeit zum Streit mit Frau Wechsel. Die hatte in der ganzen Hektik einfach einen Teil ihrer Unterlagen auf seinem Schreibtisch abgelegt. Das ärgerte Herrn Distanz nicht etwa, weil er ein Ordnungsfanatiker wäre, sondern weil er es partout nicht leiden kann, wenn jemand »seinen Platz« beansprucht.
>
> Neben Status und Einfluss ist ihm vor allem seine Autonomie das Wichtigste. Auch große Herausforderungen bewältigt er eigenständig, zügig und erfolgreich. Gewohnt als »Ein-Mann-Armee« zu agieren, gibt er ebenso selten

Aufgaben ab, wie er Hilfe annimmt. Seine Kommunikation ist klar und direkt. Empathie oder diplomatisches Geschick sucht man indes bei diesem sachorientierten Menschen vergeblich. Für ihn sind Emotionen reine Privatsache und haben nichts im beruflichen Kontext zu suchen. Er hasst lange Meetings genauso wie Small Talk. Beides steht im Widerspruch zu seinem Bedürfnis nach Effizienz.

Er trifft zügige Entscheidungen und setzt diese zeitnah um. Seine Ziele verfolgt er konsequent und mit Nachdruck. Auf hohem Niveau analysiert, kritisiert und löst er Probleme. Konflikte kann er gut aushalten, zeigt sich allerdings in der Kritik überraschend schnell gekränkt, vor allem, wenn er seine Leistung nicht ausreichend gewürdigt sieht.

Weil dieser Mitarbeiter keine Furcht vor Obrigkeiten kennt und immer wieder die Geschäftsleitung auf Missstände bei den Werksarbeitern aufmerksam macht, hat er sich den Respekt seiner Kollegen verdient. Man kann sagen, er ist geachtet im Team, wenn auch nicht übermäßig beliebt. Das liegt vor allem daran, dass er auf sein Umfeld eher kühl, ja beinahe unnahbar wirkt. Mittlerweile findet es aber niemand mehr befremdlich, wenn er während der Mittagspause einen Spaziergang macht, während alle anderen in die Kantine gehen.

**Frau Nähe** fühlt sich ganz im Gegensatz zu Herrn Distanz im neu gestalteten Großraumbüro ausgesprochen wohl. Sie genießt nicht nur die Nähe zu ihren Kollegen, sondern sucht diese regelrecht. Somit trifft man die Fachreferentin permanent im Gespräch an – ob im Büro, auf den Fluren oder in der Kantine. Ihre Menschenbezogenheit spiegelt sich dabei sowohl in ihrem Arbeits- als auch Kommunikationsstil wider. Bei allem, was sie sagt oder tut, geht es ihr stets mehr um die Beziehung als um die Sache. Das ist auch der Grund, warum sie bei Verhandlungsgesprächen oder Kundenmeetings von ihrem Vorgesetzten gerne hinzugezogen wird. Sie sorgt mit ihrer ausgleichenden, verbindlichen Art dafür, dass die zwischenmenschliche Basis trotz harter Verhandlungen erhalten bleibt.

Sie ist bekannt für ihr soziales Engagement und beliebt für ihr hohes Einfühlungsvermögen und Verständnis. Für ihre Kollegen hat Frau Nähe immer ein offenes Ohr. Als echter Teamplayer ist ihr der Gesamterfolg wichtiger als die Chance, sich selbst zu profilieren. Eigene Interessen und Bedürfnisse werden gern zugunsten der Harmonie aufgegeben. Sie hält es ohnehin nie lange aus, wenn ihr jemand böse ist. Aus diesem Grund geht sie Konflikten konsequent aus dem Weg. Ihre Aufgaben erfüllt Frau Nähe pflichtbewusst, ohne diese aktiv zu suchen.

**Herr Dauer** arbeitet seit 25 Jahren als Buchhalter in dem Unternehmen. Systematisch arbeitet er alle Aufgaben ab, die ihm zugeteilt werden – wenn es sein muss, auch über den Feierabend hinaus. Dabei geht er sorgfältig und genau vor, was zu einer erfreulich geringen Fehlerquote führt. Er liefert pünktlich seine Berichte, kommt auf die Minute pünktlich zu Terminen und hält Zusagen von Kunden, Kollegen oder Vorgesetzten exakt ein. Auf ihn ist stets Verlass. Mit ihm als Stellvertreter braucht sich sein Vorgesetzter keine Sorgen zu machen, dass während dessen Abwesenheit irgendetwas außer Kontrolle geraten könnte. Weniger disziplinierten Kollegen, die schon mal etwas »auf dem kurzen Dienstweg« erledigt haben wollen, stellt er sich vehement in den Weg. Schließlich muss alles seine Ordnung haben.

Er hält das Geld zusammen und geht sorgsam mit Ressourcen um. So macht er auch keinen Hehl daraus, dass der Umzug die reinste Verschwendung sei. Ein neuer Anstrich des alten Gebäudes hätte seiner Meinung nach ausgereicht, statt gleich mit sämtlichen Abteilungen in ein neues, viel zu großes Gebäude zu ziehen. Seine Tüchtigkeit liegt in der Fähigkeit, planend und ordnend einzugreifen und den Überblick auch dort zu behalten, wo der rote Faden verloren geht oder Emotionen hochschlagen. Den Wandel vom traditionellen Familienunternehmen zum aktiendotierten Konzern sitzt er einfach aus in der festen Überzeugung, dass erstens sein Bereich gar nicht betroffen ist und man zweitens ohnehin nach einiger Zeit wieder zum Alten zurückkehren werde.

Dieselbe Konstanz wie im Job zeigt Herr Dauer in seinen zwischenmenschlichen Beziehungen. Neben dem Firmen-Jubiläum feierte er in diesem Jahr silberne Hochzeit. Mit seiner Frau Vera, mit der er seit dem Studium zusammen ist und zwei Kinder hat, lebt er zurückgezogen in einem Reihenhaus auf dem Land.

Bei **Frau Wechsel** handelt es sich um eine ausgesprochen charmante und dynamische Person. Die Gespräche mit ihr sind sehr informativ und abwechslungsreich. Man kann sagen: Wo sie sich befindet, herrscht Leben. Sie spricht viel und gern. Mit ihrer humorvollen Art schafft sie es, selbst trockenste Themen in spannende Geschichten umzuwandeln. Produktpräsentationen bei Kunden führt sie mit demselben Elan durch wie die Moderation der Firmenveranstaltungen. Wahrscheinlich liebt niemand im Team die Bühne so sehr wie sie. Ihre hohe Flexibilität, ihre Leistungsbereitschaft und insbesondere auch ihr Gespür für Trends prädestinierten Frau Wechsel für den Job als Marketingassistentin, dem sie bis vor einem Jahr nachging, bevor sie in den Vertrieb wechselte. Dort hat sie nach kurzer Einarbeitungszeit mit enormer Tatkraft und vielen neuen Ideen manch lukrativen Auftrag an Land gezogen. Dabei scheut sie weder Mühe noch Risiko. Ihr Motto ist: »Wer wagt, gewinnt!«

Auch sonst stellt Frau Wechsel mit ihrer positiven Einstellung und Kreativität eine echte Bereicherung für die Abteilung dar. Als wahres Multitalent könnte man sie praktisch überall einsetzen – außer für einen reinen Schreibtischjob. Der würde für die wissbegierige Mitarbeiterin den sicheren Tod aus Langeweile bedeuten. Denn nichts hasst sie mehr als Stillstand und Routine – außer vielleicht noch den nervigen Administrationskram, mit dem sie von der Buchhaltung »gequält« wird, wenn die auf das Ausfüllen von Tabellen, Listen oder sonstigen Formularen besteht. Eine termingerechte Erledigung von Aufgaben darf man ebenso wenig bei Frau Wechsel voraussetzen wie eine systematische Vorgehensweise. Verspätungen nimmt man der charmanten Chaotin aber nicht allzu übel.

Der Außendienst in Kombination mit Homeoffice kommt da nicht nur ihrem Bedürfnis nach freier Zeiteinteilung entgegen, sondern auch dem nach Abwechslung. Dafür nimmt sie gerne die Strapazen in Kauf, die das viele Reisen mit sich bringt. Sie spricht mehrere Sprachen, ist an fremden Kulturen interessiert und verbindet somit Leidenschaft und Job.

Neben Ihren eigenen Verhaltensweisen werden Sie auch die von Personen aus Ihrem Umfeld wiedererkannt haben. Vielleicht gab es sogar das ein oder andere Aha-Erlebnis. »Aha, deshalb reagiert mein Chef so empfindlich darauf, wenn ich ein paar Minuten zu spät zur Arbeit komme!« oder »Aha, jetzt weiß ich, warum der neue Nachbar erst einmal auf Distanz ging, als ich ihm bei unserer ersten Begegnung das Du angeboten habe«. Ein nützlicher Nebeneffekt aus dieser Übung besteht nämlich darin, auch Motive, Empfindungen und Bedürfnisse anderer leichter einschätzen zu können. Es gibt zwar kein Patentrezept, aber bewährte Muster. In jedem Fall gewinnen Sie an sozialer Kompetenz. Auch das macht stark.

Hier noch einmal die wichtigsten Stärken der jeweiligen Grundtypen zusammengefasst:

| | |
|---|---|
| **Distanz** | selbstständig, entschlossen, dynamisch, konfliktfähig, ehrgeizig, analytisch, unabhängig, rational, souverän, dominant, treibend, lösungs- und zielorientiert |
| **Nähe** | empathisch, sozial, warmherzig, fürsorglich, hilfsbereit, bindungsbereit, verständnisvoll, teamfähig, akzeptierend, ausgleichend, kontaktfähig, selbstlos |
| **Dauer** | zuverlässig, loyal, pflichtbewusst, ordentlich, gründlich, prinzipientreu, systematisch, logisch, vernünftig, stetig, konsequent, verbindlich |
| **Wechsel** | kreativ, einfallsreich, spontan, unterhaltsam, flexibel, mutig, charmant, gesellig, motivierend, lebendig, temperamentvoll, leidenschaftlich |

**Abb. 14:** Stärken der vier Persönlichkeitstypen

## *7.2.3 Profiling*

Neben der Selbsteinschätzung und der Typen-Zuordnung gibt es bei der Ermittlung eigener Stärken noch die Möglichkeit, sich wissenschaftlicher Analyse-Techniken zu bedienen. Verfahren wie DISG, Insights Discovery, MBTI, Big Five, Reiss-Profile oder Strength Finder – um nur einige der bekannteren zu nennen – sind abzugrenzen von reinen Leistungstests, bei denen Fähigkeiten wie Wissen, Intelligenz oder Sprache erfasst werden. Stattdessen geht es darum, die Ausprägung von Soft Skills wie beispielsweise Kontakt- und Entscheidungsfreudigkeit oder Führungswillen zu erkennen. Solche psychometrischen Verfahren sind Instrumente und Modelle, die – je nach Ausrichtung – Aufschluss über bevorzugte Denkstile, Motive, Werte oder Verhaltenspräferenzen geben. Sie können den Weg zur eigenen (Führungs-)Persönlichkeit unterstützen und beschleunigen. Ein Erkenntnisgewinn liegt hierin nicht nur für den Testkandidaten selbst, sondern auch für Unternehmen in Bezug auf Personalentscheidungen. So ziehen diese aus dem Abgleich von Ergebnissen und Anforderungsprofilen wichtige Hinweise für die Auslese an geeigneten Bewerbern und können Mitarbeiter entsprechend ihrer individuellen Stärken und Potenziale optimal einsetzen und fördern. Für Sie, liebe Leserin und lieber Leser, lohnt sich der Einsatz eines Profilings, um fundierte und zudem objektive Antworten auf die Fragen zu erhalten: »Was kann ich?« (Kompetenzen) und »Wieviel ist möglich?« (Potenziale).

Den Begriff »Test« im Zusammenhang mit Persönlichkeits-Analyse-Verfahren vermeide ich bewusst. Schließlich kann man in der Beschreibung seiner Persönlichkeit nicht »durchfallen«. Das Ergebnis eines Profilings ist deshalb auch niemals »gut« oder »schlecht«. Sehr wohl enthalten psychometrische Verfahren aber gleichermaßen Chancen wie Risiken. Obwohl der Einsatz solcher Instrumente kontrovers diskutiert wird, überwiegt für mich – besonders im Hinblick auf meine eher rational ausgerichtete Kernklientel – der Nutzen. Bei Kopfmenschen erwies es sich bisher als zweckdienlich, der Frage nach den persönlichen Stärken vom Ansatz her eher mathematisch-wissenschaftlich zu begegnen. Ein Tool, das auf exakten Berechnungen basiert, findet bei dieser Zielgruppe eine ungleich höhere Akzeptanz als jede noch so qualifizierte Einschätzung eines Beraters oder Coaches. Aufgrund der Vielzahl an Angeboten sollten Sie die Auswahl des für Sie geeigneten Tools allerdings einem Experten überlassen. Gerne können Sie auch mich dazu kontaktieren.

**Protagonist:** Das Profilingergebnis von Frank Lotse bestätigte meinen ersten Eindruck, dass seine Stärken überwiegend im kognitiven Bereich liegen. Als faktenorientierter Mensch mit einer herausragenden analytischen Klarheit und Prägnanz sprach er nur über das, was sicht- und messbar war. Persönliche Themen mied der IT-Spezialist aus der inneren Überzeugung heraus, dass »so etwas« nur unnötig Zeit koste. Seine bisherigen Erfolge hatten ihn in diesem Glauben noch bestärkt, sodass er über einen langen Zeitraum hinweg keinen Anlass sah, sich mit seiner beruflichen Rolle und seinem Kommunikationsstil auseinanderzusetzen. Dabei übersah er jedoch den Unterschied zwischen Management und Führung: Management bedeutet, zu organisieren, Maßnahmen zuzuweisen und zu kontrollieren. Führung ist eine andere Sache. Sie ist strategisch, emotional und effektiv. Erst das Umfrageergebnis machte Frank bewusst, welche Wirkung es bei seinen Mitarbeitern erzeugte, wenn er knapp und unpersönlich kommunizierte und auch ansonsten auf Distanz ging. Um karrieretechnisch weiterzukommen, musste er seine sozialen Kompetenzen entwickeln.

**Zwischenfazit:** Mit den Bausteinen Eigensicht und Fremdsicht und professionellen Verfahren lassen sich die eigenen Stärken herausarbeiten. Die Annäherung an persönliche Strickmuster kann allerdings nur als Orientierungshilfe dienen. Der Mensch ist viel zu komplex, als dass sich sein Verhalten genau erfassen lässt und seine Handlungen sich mit Bestimmtheit vorhersagen lassen. Stecken Sie deshalb weder sich noch andere in Schubladen. Treffen Sie auch keine beruflichen Entscheidungen ausschließlich auf der Basis solcher Typologien, sondern gleichen Sie die Ergebnisse mit anderen Leistungsbeurteilungen und Feedbacks ab. Oder Sie überlassen die Durchführung und Auswertung Personen, die darin ausgebildet sind. In der Regel sind dies Psychologen, Berater und Coaches.

### *7.2.4 Die Stärke der Schwächen*

Bei der Ermittlung von persönlichen Stärken und Ressourcen lohnt sich immer auch der Seitenblick auf die Schwächen. Denn darin liegt zum einen unvermutetes Potenzial, zum anderen birgt der Umgang mit den eigenen Schwächen einige Stolpersteine.

Wenn Menschen im (Arbeits-)Alltag zum Beispiel immer wieder mit denselben Schwierigkeiten kämpfen, verdichtet sich schnell das Gefühl: Hier habe ich eine Schwäche, eine Inkompetenz, hier fehlt mir etwas. Dieses Gefühl wird mitunter so massiv, dass die eigenen Stärken aus dem Blick geraten. Entsprechend unsicher werden sie, vor allem, wenn sie von anderen darauf hingewiesen werden. Nicht selten baut sich eine regelrechte Anti-Haltung auf. Doch Schwächen gehören nun einmal zur menschlichen Realität und es nützt weder, sich dagegen aufzulehnen, noch, aufzugeben. So etwas setzt nur negative Energie frei.

Auch die Strategie, seine vermeintlichen oder echten Schwächen durch das Streben nach Perfektion zu kompensieren, wirkt eher kontraproduktiv. Bei dem Bemühen, alles richtig zu machen und alle Erwartungen zu erfüllen, erschöpft der Mensch sich selbst. Solche »Schattenjagden« können auf Dauer kein Erfolgsrezept sein. Besser ist es, die eigenen Schwächen anzunehmen und zu einer positiven Haltung zu sich selbst zu finden. Damit schaffen Sie sich nicht nur Handlungsoptionen, sondern entwickeln auch eine größere Gelassenheit im Umgang mit dem, was Ihnen weniger gut gelingt. Erst dann ist der Blick frei für die darin liegenden Chancen.

Um das Beispiel mit dem schlechten Zeitmanagement (vgl. Kapitel »Die TWOS-Methode«) noch einmal aufzugreifen, ist diese Schwäche – wie alle Schwächen – nicht auf eine einzige Eigenschaft oder Fähigkeit/Fertigkeit zu reduzieren, weswegen sie auch nicht isoliert zu betrachten ist. Zeitmanagement beinhaltet viele Fähigkeiten und alles zusammen, also die Schwäche inklusive der Eigenschaften und Fähigkeiten, bilden das Lernfeld ab, auf dem die betroffene Person sich in ihrer Veränderungsarbeit bewegt.

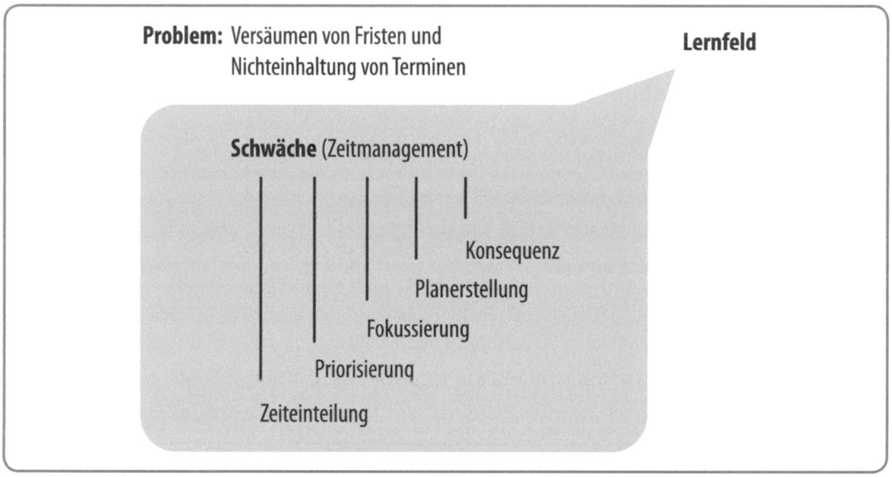


**Abb. 15:** Lernfeld

In dem geschilderten Beispiel wurde die Stärke (konsequentes Handeln) in der Schwäche (Unpünktlichkeit) bei der Etablierung von Verhaltensveränderungen genutzt und ist damit ein Teil der Lösung. Diese »verdeckten« Stärken gilt es zu identifizieren und nutzbar zu machen.

Somit liegt ein Teil meiner Arbeit darin, den Klienten nicht nur für ihre offensichtlichen Stärken wieder die Augen zu öffnen, sondern auch für jene, die sich hinter den Schwächen verbergen. Zu zeigen, dass der Unterschied zwischen Stärken und Schwächen hauptsächlich darin besteht, dass die einen in einem bestimmten Kontext, zu einer bestimmten Zeit und in einer bestimmten Dosis geeigneter erscheinen, seine Ziele zu erreichen, als die anderen. Dabei wird ihnen schnell bewusst, dass sie von vielen ihrer vermeintlichen Schwächen profitieren könnten, sofern sie diese zur richtigen Zeit und in der richtigen Situation aktivieren. So verbirgt sich hinter einer leichten Ablenkbarkeit vielleicht so etwas wie ein »inneres Radar« für Wesentliches und in einer Überempfindlichkeit der »Seismograph« für unterschwellige Konflikte.

Nun kann man zwar nicht aus jeder Schwäche eine Stärke machen, aber man kann lernen, konstruktiv damit umzugehen. Selbst ausgesprochene Erfolgsmenschen haben offensichtlich schwache Seiten. Doch sie haben sich ein Umfeld gesucht oder eine Aufgabe gewählt, in der ihre Stärken optimal zum Einsatz kommen und ihre Schwächen weniger ins Gewicht fallen. Andere überwinden ihre Schwachpunkte, indem sie Kooperationen mit anderen Menschen eingehen. Es gibt also mehrere Bewältigungsstrategien, wovon wir folgende Möglichkeiten einmal näher betrachten wollen:

- Schwächen kontextualisieren,
- Schwächen durch andere Stärken kompensieren oder
- mit Partnern kooperieren, die über komplementäre Stärken verfügen.

**Kontextualisieren**

Stärken und Schwächen sind niemals absolut zu sehen. In unterschiedlichen Kontexten kann eine Stärke zur Schwäche werden und umgekehrt.

Stellen Sie sich einmal vor, Sie hätten auf der Heimfahrt mit Ihrem Wagen einen Auffahrunfall. Es ist nichts Dramatisches passiert, aber Sie bluten aus einer Wunde am Kopf. Passanten rufen sofort den Rettungsdienst, der wenig später eintrifft. Doch statt die Blutung am Kopf zum Stillstand zu bringen und sich auch sonst um die Aufrechterhaltung relevanter Körperfunktionen zu kümmern, tätschelt der Notarzt erst einmal Ihre Hand und redet beruhigend auf Sie ein. Im Falle einer lebensbedrohlichen Verletzung wäre dies nicht gerade das, was Sie von einem Notarzt oder Rettungssanitäter erwarten würden, oder? Zwar fühlt sich die emotionale Zuwendung angenehm an, aber Trost zu spenden gehört in solchen Krisensituationen nicht zu den dringlichsten Aufgaben. Zu viel Empathie blockiert das Reaktionsvermögen des Notarztes und wirkt sich eher negativ aus. Kontextualisieren könnte in diesem Fall bedeuten, dass eine Umschulung zum Notfallseelsorger vielleicht eine gute Idee wäre.

**Kompensieren**

Ganz oben auf der Liste meiner persönlichen Herausforderungen stand lange Zeit die Dokumentation meiner Coachingfälle. Zum einen hatte ich eine Aversion gegen Formalismus, zum anderen war da mein professioneller Anspruch, die Gespräche mit meinen Klienten akribisch festhalten zu wollen. Mir erschien der Aufwand zu hoch, die vielen Informationen allein schon aus einer Sitzung nachträglich anhand meiner Notizen zu rekonstruieren und fein säuberlich zu übertragen. Wenn sich mehrere Berichte angesammelt hatten, wurde die Hürde noch größer. Da ich keine Möglichkeit hatte, diese Tätigkeit an jemanden zu delegieren, und ein Stenokurs mangels Begabung nicht infrage kam, musste eine andere Lösung her. Da ich eine Ausbildung als Fotografin und Kamerafrau habe, besann ich mich also auf meine Stärken und fotografiere seitdem den kompletten Sitzungsverlauf von der Zieldefinition über die Problemanalyse bis hin zur Maßnahmenentwicklung einfach von den Flipcharts ab. Das Fotoprotokoll brauche ich heute nur noch via Computer in die dafür erstellte Vorlage zu übertragen und mit dem Namen des Klienten sowie ein paar Zusatzzeilen zu ergänzen – schon ist der Bericht fertig!

Auch wenn die schriftliche Dokumentation wohl niemals zu meinen Lieblingsbeschäftigungen avancieren wird, hat sie inzwischen eindeutig an Attraktivität gewonnen. Vor allem, nachdem ich einen Train-the-Trainer-Kurs zur kreativen Gestaltung von Flipcharts besucht und dabei gleich noch meinen Glaubenssatz »Ich kann nicht zeichnen!« über Bord geworfen habe. Das nennt man zwei Fliegen mit einer Klappe bzw. Kapital aus seinen Schwächen schlagen!

Ein anderes Beispiel dafür, wie sich ambitionierte Ziele trotz großer Defizite erreichen lassen, zeigt die Geschichte von Florence Foster Jenkins. Diese Frau ging als die schlechteste Opernsängerin aller Zeiten in die Geschichte ein. Völlig unmusikalisch und doch von ihrer Liebe zur Musik beseelt, schaffte es die Exzentrikerin in ebenso schrägen Kostümen wie Tönen durch beispiellose Hingabe und Engagement, eine echte Fangemeinde um sich zu versammeln. Selbst eine schwere Krankheit konnte sie nicht davon abhalten, ihren Traum von der großen Gesangskarriere zu verwirklichen. Ihr Auftritt 1944 in der New Yorker Carnegie Hall ist legendär. Die Kritiker waren entsetzt, aber die Massen begeistert.

**Kooperieren**

Nicht nur im Management, sondern auch in der Politik oder im Sport setzen Top-Führungskräfte und Spitzentrainer ihre »Spieler« so ein, dass sie sich in ihren Fähigkeiten optimal ergänzen. Nicht das Team mit den besten Einzelspielern gewinnt das Match, sondern das mit der besten Aufstellung. Es ist absolut legitim und darüber hinaus noch höchst effizient, von den Stärken anderer zu profitieren.

Bevor Sie sich also erfolglos an etwas abarbeiten, nehmen Sie besser die Unterstützung von Freunden und Kollegen an oder ziehen Sie einen Experten hinzu. In vielen Bereichen ist dies für uns selbstverständlich: Wir nutzen Architekten, Rechtsanwälte, Steuerberater und Ärzte. Aber letztlich gibt es auf jedem Gebiet Spezialisten, die froh sind, wenn sie ihre Expertise anbieten können. In jedem Fall ist das Auslagern von einzelnen Aufgaben oder ganzen Bereichen eine gute Strategie, um mit seinen Defiziten umzugehen.

Im Grunde ist alles eine Sache der Perspektive: Sie können eine persönliche Schwäche erkennen und sich schlecht fühlen oder die darin liegende Chance entdecken. Sie können lernen, die Eigenschaft korrekt zu dosieren oder das perfekte Timing zu finden und diese bewusst zu aktivieren. Damit verändern Sie die Fakten nicht, aber Sie räumen Hindernisse aus dem Weg. Mit der richtigen Einstellung ist vieles machbar. Setzen Sie deshalb eine andere Brille auf und filtern Sie das Positive heraus.

**Zwischenfazit:** *To Win On Strength* beinhaltet drei Aspekte: Potenziale entdecken, Stärken stärken ***und*** Schwächen managen. Die unerwünschten Anteile in uns werden nicht irgendwie »weggemacht«, sondern bei der Lösungsfindung bewusst mit herangezogen. Indem wir sie zur richtigen Zeit und in den richtigen Situationen einsetzen und aktivieren, können wir von ihnen sogar profitieren. Wenn man so will, handelt es sich bei *TWOS* um eine mentale Form der Selbstverteidigung: Statt sich defizitär zu fühlen und den Kopf in den Sand zu stecken, werden neue Perspektiven geschaffen.

**Abb. 16:** TWOS-Masterplan® – Stufe 3

## 7.3 Stufe 3: Motive erforschen

Nachdem mit Stufe 1 und 2 Ihre Ziele und Ressourcen feststehen, geht es nun ans »Eingemachte«. In diesem Abschnitt Ihrer »Forschungsreise« werden das Problem, dessen Entstehung und der Sinn Ihres Handelns (Motiv) unter die Lupe genommen. *»Motivation wird häufig als Erklärung und Begründung von Verhalten beschrieben, als das, was Verhalten in Gang bringt und aufrechterhält.«* (Stangl, 2017)

Eine genaue Problemanalyse ist stets die halbe Lösung. Mit dem Denken erschließt sich uns eine Sache rational. Indem wir etwas in unserem Kopf »herumwälzen«, versuchen wir, es zu begreifen und in Worte zu fassen. Der Verstand bemüht sich, logische Verknüpfungen zwischen Ursache und Wirkung herzustellen. Auch wenn man als Kopfmensch dazu neigt, über Ereignisse zu berichten, ohne von Gefühlen zu sprechen, sind doch immer Emotionen im Spiel. In der Auseinandersetzung mit sich und seiner Situation müssen diese also einbezogen werden. Nur so nähern wir uns dem Motivkern. Dazu werden wichtige Hintergrundinformationen aus der eigenen Biografie zusammengetragen, bisherige Bewältigungsstrategien betrachtet und die Problemebene lokalisiert, um dann den effektivsten Hebel für die Veränderungsarbeit zu finden.

Der Einstieg in die Selbstreflexion ist die Selbstaufmerksamkeit. Sie wird ausgelöst, wenn unser Fokus plötzlich auf etwas gelenkt wird. Dieser Impuls kann von außen kommen – beispielsweise durch Kritik –, aber auch durch eigene Stimmungen, Erkenntnisse oder einen Blick in den Spiegel, wenn wir erschrocken feststellen, dass wir förmlich über Nacht gealtert sind. Schon starren wir auf die kleinen Fältchen um Augen und Mund und denken: »Etwas mehr Schlaf würde mir guttun« oder »Im Vergleich zu vielen Gleichaltrigen bin ich noch gut in Schuss«. Damit befinden wir uns bereits mitten im Prozess der Selbstreflexion.

Den Vergleich zwischen realem und idealem Selbstbild bezeichnen die Sozialpsychologen *Frey*, *Wicklund* und *Scheier* in ihrer »Theorie der objektiven Selbstaufmerksamkeit« als Selbstkonzept. Dieses beinhaltet Vorstellungen, die wir über uns selbst haben, die gesellschaftlich geprägt und meist eng an Idealvorstellungen geknüpft sind. Stets streben wir nach Übereinstimmung zwischen diesen beiden Bildern und sind zufrieden, wenn dies unserer Meinung nach annähernd der Fall ist, bzw. unzufrieden, wenn Real- und Idealbild zu weit auseinanderliegen.

Bei unserer Erkundungsreise arbeiten wir uns von der Peripherie zum Kern vor. Sie beginnt mit Ihrer Lebensbeschreibung, geht über die Lokalisierung der Problemebene bis hin zur »Sektion« (unerwünschter) Denk- und Verhaltensmuster. Wie tief Sie in Ihr Thema einsteigen wollen, bleibt natürlich Ihnen überlassen. Aber wie bereits erwähnt: Je präziser die Situation analysiert ist, desto leichter findet sich ein Lösungsweg. Für alle Ebenen stehen Ihnen ausgewählte Tools und Modelle zur Verfügung.

## *7.3.1 Biografischer Hintergrund*

Im Coaching startet man meist mit der Anamnese, das heißt einer möglichst genauen Bestandsaufnahme der Rahmen- und Randbedingungen des Klienten sowie der Erhebung der Vorgeschichte, des Verlaufs und des aktuellen Standes. Die (Sozial-)Anamnese beinhaltet deshalb Fragen zum beruflichen Werdegang, zu Kollegen und Vorgesetzten, aber auch zu Familie, Hobbys oder allgemein zu wichtigen Bezugspersonen und Erlebnissen. Denn die Erfahrung zeigt, dass Schwierigkeiten, die im Job auftreten, auch im Privatleben vorkommen, möglicherweise nur in abgeschwächter Form. Nicht selten liegt dort sogar der Ursprung, etwa in einer unglücklichen Partnerschaft oder in der elterlichen Erziehung. Wechselbeziehungen zu bestimmten Lebensereignissen werden deutlich, wenn etwa gleichzeitig ein Wunsch oder Problem aufgetaucht ist. So verschafft sich der Coach ein umfassendes Bild von seinem Klienten.

Auch wenn Ihnen Ihre eigenen Lebensdaten bekannt sind, lohnt sich die Beschäftigung mit Ihrem biografischen Hintergrund. Zum einen ergeben sich – wie im Fall von Frank Lotse – oftmals schon Lösungsansätze, zum anderen haben Sie sich bisher möglicherweise noch keine Gedanken über Kausalitäten, Begleiterscheinungen oder (systemische) Zusammenhänge gemacht. Von daher empfehle ich das Ausfüllen des Anamnesebogens, den Sie in der Toolbox im Anhang des Buches finden. Die Fragen regen zur Selbstreflexion an. Dabei kann es passieren, dass Sie neue Aspekte an sich selbst, in Ihrem Wunsch oder Problem entdecken sowie Zusammenhänge erkennen, die Ihnen bisher kaum bis gar nicht bewusst waren. Machen Sie sich also auf eine Überraschung gefasst!

**Protagonist:** Als ich mit Frank Lotse seine beruflichen wie privaten Lebensstationen durchging, sind wir an dem Punkt »Bundeswehr« hängen geblieben. Der 35-jährige Diplom-Informatiker hatte seinen Wehrdienst bei der Fernmeldetruppe abgeleistet, die für die Übertragung von Meldungen und Informationen zuständig ist und eines der wichtigsten Elemente der unmittelbaren Kommunikation zwischen Führung und Kampftruppen darstellt. Während er als junger Rekrut mit Codetafeln und einem Funkgerät ausgestattet im Gelände saß, übte er das Codieren und Decodieren von Nachrichten. Die dabei erworbenen Kenntnisse konnte er später im Studium gut gebrauchen. Sein Talent, seine fachlichen Fortbildungen sowie zehn Jahre Berufserfahrung machten aus dem begabten Rekruten eine Koryphäe auf dem Gebiet der Datenverarbeitung. Man kann ohne Übertreibung behaupten, dass Frank alle wesentlichen Programmiersprachen dieser Welt beherrscht – außer eben der Emotionssprache. Dieser Punkt sollte bei der Entwicklung der Maßnahmen zur Bewältigung seines Problems noch eine entscheidende Rolle spielen.

## *7.3.2 Logische Ebenen*

Nun gehen wir buchstäblich eine Ebene tiefer. Um nicht nur die rationale Einsicht in Zusammenhänge zu erleichtern, sondern ein Ziel auch auf Kongruenz zu überprüfen oder bei einem Problem zu klären, auf welcher Ebene des Denkens und Erlebens es angesiedelt ist, sind die **Logischen Ebenen** von *Robert Dilts* hilfreich. Dilts Pyramiden-Modell bietet eine gute Metapher, um das eigene Verhalten besser zu verstehen. Das Prinzip der logischen Ebenen besagt, dass Dinge wie Lernen, Veränderung oder Erfolg nicht auf einer Ebene, sondern auf mehreren erfolgen. Man geht gedanklich die einzelnen Ebenen durch und reflektiert sich selbst: »Welches Verhalten zeige ich und was müsste (s)ich ändern, damit das gewünschte Ziel erreicht werden kann?«

Beide Tools, also der biografische Hintergrund und die logischen Ebenen, eignen sich gleichermaßen zur Selbstexploration, aber während bei der Anamnese der Fokus auf Herkunft und Entstehung eines Wunsches respektive Problems liegt, erfahren wir beim Konzept der (psycho-)logischen Ebenen zusätzlich etwas über das Motiv sowie den besten Punkt, an dem die Veränderungsarbeit ansetzen kann. Denn jede Veränderung bedarf nicht nur eines Motivs, sondern auch des Wissens um die nötigen Schritte. Jeder kennt Situationen von totalem Chaos – ob auf dem Schreibtisch, in der Küche oder im Kleiderschrank. Wir müssten dringend aufräumen, wissen aber nicht, wo wir beginnen sollen. Ähnlich verhält es sich mit Problemen: Man spürt genau, hier läuft was schief, und ahnt auch, woran es liegt, aber kann nicht genau sagen, an welcher Stelle man ansetzen muss, um den gewünschten Erfolg zu erzielen.

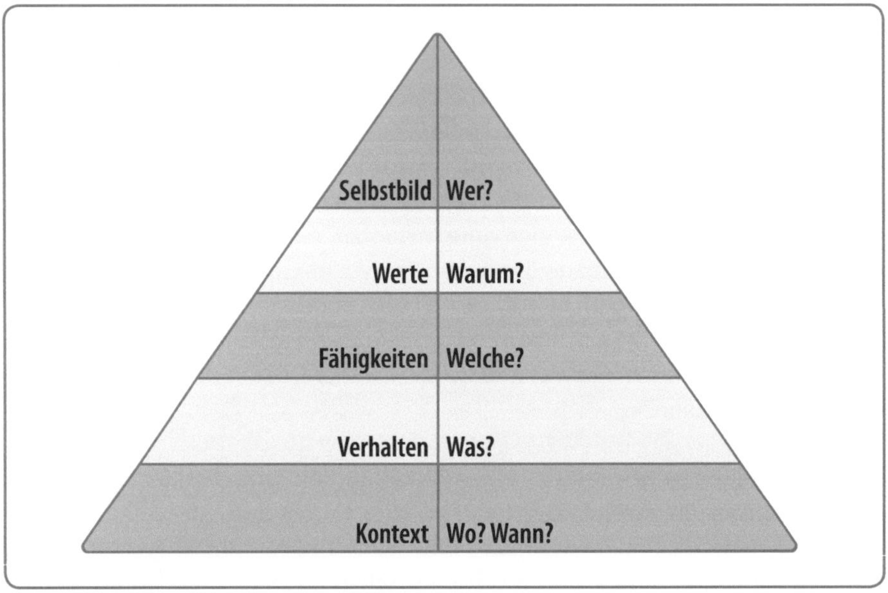


**Abb. 17:** Pyramiden-Modell nach Dilts, eigene Darstellung

Jedes Verhalten ist in einen **(1.) Kontext** eingebettet. Das Umfeld beinhaltet alles, worauf wir persönlich reagieren, zum Beispiel unsere Umgebung oder andere Menschen, denen wir begegnen. Mit den Fragen »Wo genau befinde ich mich?«, »Welches Verhalten zeige ich wo, bzw. bei wem?« und »Wer ist beteiligt?« können wir es hinterfragen. In diesem Kontext zeigen wir konkrete Handlungen bzw. ein **(2.) Verhalten.** Dazu gehören auch Wortwahl, Gestik, Mimik, Motorik, Atmung. Die Fragen dazu lauten: »Was (genau) tue ich?«, »Was können andere beobachten?«. Unser Verhalten basiert auf **(3.) Fähigkeiten**, die es uns ermöglichen, bestimmte Tätigkeiten auszuführen. Während Kontext und Verhalten von außen beobachtbar sind, stellen alle anderen Ebenen innere Prozesse dar. Die Fragen zu den Fähigkeiten lauten: »Wie gehe ich vor?«, »Welche Fertigkeiten nutze ich?« oder »Welche kognitiven und emotionalen Prozesse, Strategien und Programme laufen bei mir ab?«. Hinter den Fähigkeiten steckt die Motivation, um das, was ich kann, auch tun zu wollen. Da die Motivation nicht ausschließlich triebgesteuert ist, geht es hier nicht nur um Motive, sondern generell um **(4.) Werte.** Sie liegen all unserem Handeln zugrunde.

Die meisten Menschen glauben, dass es einen Zusammenhang zwischen einer Ursache und einer damit verbundenen Wirkung (Verhalten) geben muss, das heißt, dass es einen Grund gibt, warum das geschieht, was gerade geschieht. Das Ergebnis sind sogenannte Glaubenssätze (innere Überzeugungen, die wir für wahr halten). Wir setzen unsere Fähigkeiten nur dann ein, wenn entsprechende Werte und Glaubenssätze vorhanden sind, die deren Einsatz erlauben. Werte werden erfragt durch: »Welche Bedeutung hat das für mich?« oder »Was ist mir dabei wichtig?«. Glaubenssätze identifiziert man mit Fragen wie: »Was blockiert mich?« und »Was darf ich nicht oder muss ich?«. Zum Schluss folgt die Ebene der Identität: das **(5.) Selbstbild,** das ich von mir habe, inklusive meiner Vorstellungen davon, wie andere mich sehen. Die Fragen hierzu sind: »Wer bin ich?« bzw. »In welcher Rolle trete ich auf?«, aber auch »Was, glaube ich, denken andere über mich, wenn ich mich so verhalte?«.

**Übung: Logische Ebenen**

Für diese Übung benötigen Sie folgendes Material: 5 Karteikarten, Klemmbrett und Stift. Zudem wäre ein Sparringspartner hilfreich, der Ihnen die Fragen vorliest und Ihre Antworten auf einem Blatt Papier notiert. So können Sie sich voll und ganz auf die Übung konzentrieren.

Ausgehend von einem Problem: Um herauszufinden, auf welcher Ebene es bei Ihnen hakt und wo Sie ansetzen können, schreiben Sie am besten die Bezeichnungen der einzelnen logischen Ebenen auf Karteikarten. Legen Sie die Karten so vor sich auf den Boden, dass *Kontext* am nächsten und *Selbstbild* am weitesten von Ihnen entfernt liegt. Stellen Sie sich neben die erste Karte, die Sie als Bodenanker unterstützt, sich mit dem entsprechenden Zustand oder Ereignis zu verbinden. Gehen Sie so chronologisch von unten nach oben alle Karten durch und stellen Sie sich die der jeweiligen Ebene zugehörigen Fragen:

**Kontext**

- In welchen Situationen oder unter welchen Rahmenbedingungen zeige ich das Verhalten bevorzugt?
- Welche Ereignisse fallen mir ein, in denen ich mich in einer ähnlichen Lage befunden habe? Wie waren die Rahmenbedingungen damals und wie sind sie heute?
- Wer oder was löst bei mir das Verhalten aus?
- Wer oder was in meinem Umfeld würde die Situation verschärfen? Wer oder was würde sie verbessern?

**Verhalten**

- Wie verhalte ich mich? Wie würde ein Außenstehender das Verhalten beschreiben?
- Was genau tue oder unterlasse ich?
- Was tue ich, um die (ungewünschte) Situation aufrechtzuerhalten?
- Welches Verhalten würde meine Situation verbessern?

**Fähigkeiten**

- Welche Fähigkeiten setze ich ein?
- Welche kognitiven und emotionalen Prozesse, Strategien und Programme laufen bei mir ab?
- Welche zusätzlichen Fähigkeiten sollte ich haben, um etwas zu verbessern?
- Womit kann ich konkret beginnen, um die Situation zu verändern?

**Werte**

- Was ist mir wichtig in den Situationen, in denen ich meine Fähigkeiten/Strategien einsetze?
- Warum verhalte, entscheide oder handle ich so?
- Was würde passieren oder fehlen, wenn ich mich anders verhalten würde?
- Was darf ich nicht oder muss ich meiner Meinung nach tun?

**Selbstbild**

- Wer bin ich, wenn ich das tue, sage oder entscheide?
- Was glaube ich, denken andere über mich, wenn ich das tue, sage oder entscheide?

- Was sehe ich (im Team, im Unternehmen, in der Familie, der Gesellschaft etc.) als meine zentrale Aufgabe?
- Welche Rolle nehme ich ein?

Die Fragen regen dazu an, über persönliche, innere Erlebnisse zu reflektieren. Dies impliziert unter anderem das eigene Verhalten und Erleben, die eigenen Bewertungen und die Vorstellungen von uns selbst. Da die Ebenen nicht streng voneinander trennbar, sondern in einem Wirkungsgeflecht miteinander verbunden sind, kann jederzeit Bezug auf bereits zurückgelegte Ebenen genommen werden. Tauchen irgendwo Widersprüche auf, gehen Sie ins Detail. Das ist ein gutes Indiz dafür, dass dieser Bereich unmittelbar betroffen ist oder gar hier Motiv und Ursache liegen. Zum Schluss werten Sie die Antworten aus und legen anhand der daraus gewonnenen Erkenntnisse den Punkt fest, wo Ihre Veränderungsarbeit beginnen soll. Dabei hat sich bewährt, von der lokalisierten Problemebene auf die nächsthöhere Ebene zu wechseln. Auf der sogenannten Metaebene werden Ressourcen aktiviert, die die Veränderung in den darunterliegenden Ebenen erleichtern. Setzen Sie beispielsweise bei der Umsetzung Ihres Vorhabens bei Ihrer inneren Haltung (Ebene 4) an, statt an den Fähigkeiten (Ebene 3) zu schrauben, führt dies in vielen Fällen schneller und nachhaltiger zum Erfolg. Häufig sind wir nämlich vor allem dann zu etwas fähig, wenn wir glauben, dazu fähig zu sein.

**Protagonist:** Im Fall des unempathischen IT-Spezialisten, der weder seine Mitarbeiter emotional mitnahm noch wertschätzend kommunizierte, ergaben sich aus der Arbeit mit den logischen Ebenen folgende Antworten und Erkenntnisse:

| | **Kontext** | |
|---|---|---|
| In welchen Situationen misslingt die Kommunikation? Wann verlieren Sie Ihre Mitarbeiter aus dem Blick? | | *Hauptsächlich, wenn ich neue Projekte vorstelle und Aufgaben verteile. Komplett schief läuft es, wenn es hektisch wird.* |
| Wer oder was löst es aus? | | *Wenn der Termindruck hoch ist. Verstärkt wird es durch Fehler, die meiner Meinung nach hätten vermieden werden können.* |

| Wie verhalten Sie sich? Was tun Sie konkret? | **Verhalten** | *Ich werde ungeduldig, treibe mein Team an. Dann kann es schon mal vorkommen, dass ich mich in der Wortwahl vergreife.* |
|---|---|---|
| Was können andere von außen beobachten? | | *Ich laufe nervös durch die Gänge und frage jeden Tag den Status quo ab. Außerdem wird mein Tonfall merklich härter.* |
| Was geht in Ihnen vor, wenn Sie Ihre Projekte vorstellen und hinterher feststellen, dass Aufgaben nicht erledigt oder verstanden wurden? | **Fähigkeiten** | *Wenn ich vortrage, konzentriere ich mich auf die Sachinhalte, trenne Wichtiges von Unwichtigem und blende alles andere aus. Die wenigen Signale, die ich von meinen Mitarbeitern empfange, kann ich nicht deuten, weswegen ich drüber weggehe. Stellt sich hinterher heraus, dass nicht alle Botschaften angekommen sind, frustriert mich das. Meine Hilflosigkeit versuche ich zu überspielen, indem ich in die Offensive gehe und Kritik übe.* |
| Warum liegt ihr Fokus mehr auf den Sachinhalten als auf Ihren Mitarbeitern? Was ist Ihnen wichtig? | **Werte** | *Am wichtigsten ist mir die Effizienz, weswegen ich stets bestrebt bin, meinen Alltag zu optimieren, um möglichst schnell voranzukommen. Gefühle sind da eher hinderlich und haben nichts im Job zu suchen.* |
| Was würde passieren, wenn Sie mehr Zeit in Ihre Mitarbeiter investieren würden? | | *Würde ich mehr auf die Befindlichkeiten meiner Mitarbeiter achten und mich deren Tempo anpassen, könnten wir die Deadlines nicht halten. Abgesehen von dem Ärger, den es deswegen gäbe, hätte ich das Gefühl zu versagen..* |
| Wer sind Sie? Welche Rolle erfüllen Sie? | **Selbstbild** | *Ich bin der Experte im Team, der für die Lösungen technischer Probleme und deren fristgerechte Umsetzung verantwortlich ist.* |
| Was glauben Sie, denken andere über Sie, wenn Sie sich so verhalten? | | *Die einen schätzen mich als Fachmann, die anderen halten mich für eine schlechte Führungskraft, weil ich mehr das Ergebnis als die Mitarbeiter im Blick habe.* |

**Abb. 18:** Logische Ebenen am Beispiel des Protagonistenfalles

Da sich bei meinem Klienten mehrere Auffälligkeiten zeigten, ergaben sich gleich drei Ansatzpunkte, bei denen es sich lohnte, einzuhaken.

**Ansatzpunkt 1:** Zuerst drängte sich mir die Frage auf, welches *Selbstbild* Frank von sich als Führungskraft hat, wenn er sich lediglich als Experte sieht, dessen Hauptaufgabe darin besteht, Lösungen zu finden und umzusetzen.

**Ansatzpunkt 2:** In Bezug auf sein *Verhalten* interessierte mich, aus welchem Teil seiner Persönlichkeit (Ich-Zustand) heraus er mit den Mitarbeitern kommunizierte, insbesondere, wenn er sich über sie ärgerte.

**Ansatzpunkt 3**: Last but not least galt es, seinen *Glaubenssatz* zu überprüfen, dass Emotionen sich negativ auf Verlauf und Ergebnis von Arbeitsprozessen auswirkten und somit im professionellen Kontext nichts zu suchen haben.

Franks Fall stellt das Geflecht von komplexen Faktoren dar, die auf eine Situation einwirken können, sodass Symptome oder Ursachen häufig auf mehreren Ebenen angesiedelt sind. Zum einen liegt vielen Problemen ein falsches oder zumindest unklares Rollenverständnis zugrunde. Durch die Überprüfung dieses Aspektes können Irrtümer korrigiert und Unschärfen präzisiert werden. Wenn sich beispielsweise ein Klient mit dem ausgeübten Beruf nicht (mehr) identifizieren kann oder ihn sogar ablehnt, sollte man sich auch die dahinterstehenden Werte anschauen. Oftmals stellt sich heraus, dass es lebensbiografisch Weichenstellungen gegeben hat, die von der Person nicht wirklich gewollt waren, etwa, wenn mangels Alternativen oder durch den elterlichen Betrieb der Weg vorgezeichnet war. Verdrängte Sehnsüchte lenken den Blick darauf, wo die Suche nach Lösungen aufgenommen werden kann.

Zum anderen stehen sich Menschen oft selbst im Wege, erkennen dann nicht, wie viele Möglichkeiten ihnen dadurch verwehrt bleiben. Es ist daher wichtig zu schauen, warum man in bestimmten Situationen auf die eine oder andere Weise reagiert. Nur wenn einem das eigene Verhalten bewusst ist, wenn man weiß, warum eine Reaktion oder Kommunikation erfolgt, lässt sich eine Handlungsweise verstehen und gegebenenfalls verändern.

Nicht zuletzt sind es natürlich die inneren Überzeugungen von sich selbst und seinem Umfeld, die einen entweder beflügeln oder ausbremsen. Die sogenannten **Glaubenssätze** sind Regeln und Erfahrungen, die wir im Laufe unseres Lebens machen, sie geben unserem Leben Bedeutung und beeinflussen unser ganzes Denken und Handeln. Hier gilt es, negative aufzuweichen und durch positive zu ersetzen.

Während ich im professionellen Coaching einen ganzheitlichen Ansatz verfolge und damit möglichst vielen Anhaltspunkten nachgehe, empfehle ich Ihnen ein konzentrierteres Vorgehen. Entscheiden Sie sich, welchem Hinweis aus der Übung *Logische Ebenen* Sie nachgehen wollen, und wählen Sie dann für die Vertiefung Ihrer Suche nach Motiven und Hintergründen das dazugehörige Tool oder Modell aus den Themengebieten »Rollenverständnis«, »Verhaltensmuster« und »Glaubenssätze«.

## *7.3.3 Rollenverständnis*

»Rolle« definiert sich als Summe der Erwartungen, die von unterschiedlichen Personen(-gruppen) an eine Position herangetragen werden. Sie enthält Aufgaben, Funktionen und Verhaltensweisen, die wir erfüllen, übernehmen und ausführen sollen. Morgens beim Frühstück sind wir in der Rolle des Partners oder Elternteils. Kurze Zeit später im Job sind wir beispielsweise Teamleiter und wenn wir nach der Arbeit zum Sport gehen, Vereinskamerad. Verhalten wir uns in einer Situation entsprechend den Erwartungen, die unser Umfeld mit der Rolle verbindet, ist alles gut. Verhalten wir uns unangemessen, entstehen leicht Probleme oder Konflikte. Wenn wir den Ärger im Büro abends an unserem Partner auslassen, dürfte der Haussegen schnell schief hängen. In ähnlicher Weise wäre Stress programmiert, wenn der Vorgesetzte zum Beispiel gleichzeitig auch ein guter Freund ist und man diese beiden Rollen vermischen würde. Auf die Ermahnung des Chefs wegen mehrfachen Zuspätkommens würde die Antwort erfolgen: »Jetzt mach mal nicht so eine Welle! Zum Badminton kommst du ja auch immer eine Viertelstunde zu spät!«

**Protagonist:** In seiner Überzeugung, als Führungskraft der »beste Spezialist im Team« sein zu müssen, konzentrierte sich Frank Lotse hauptsächlich auf das Operative. Damit stieß er nicht nur seine Mitarbeiter vor den Kopf, sondern vernachlässigte auch seine eigentlichen Führungsaufgaben. Verstärkt wurde dieses falsche Rollenverständnis noch durch die unausgesprochene Erwartungshaltung von Kollegen, die sich bei jeder Art von technischen Problemen direkt an ihn wendeten. Die eigentlichen Spezialisten im Team fühlten sich jedoch zu »Handlangern« degradiert und waren wenig motiviert, die vom Vorgesetzten oktroyierten Aufgaben zu erledigen – zumal sie sowieso nicht genau verstanden, was er von ihnen wollte.

Die Vielfalt an Rollenanforderungen und der permanente Druck, Veränderungen adäquat zu begegnen, gleichzeitig Werte zu leben oder als Führungskraft sogar vorzuleben, führt häufig zu Entscheidungs- und Handlungsunsicherheiten. Wem das bekannt vorkommt oder wer auf die Frage nach seiner professionellen Rolle keine klare Antwort findet, der sollte hier ansetzen. Eine genaue Betrachtung der unterschiedlichen Rollen bringt mehr Klarheit und einen besseren Überblick über die Gesamtsituation. Wie das geht, zeige ich Ihnen in den nachfolgenden Abschnitten.

**Identifikation der Rollen**

Unser Leben ist so komplex, dass wir meist mehrere Rollen gleichzeitig innehaben, die zudem nicht einzeln existieren, sondern sich auch aufeinander beziehen. In der Familie kommen Rollen vor wie Vater, Mutter, Tochter, Bruder, Schwester, Sohn, Enkel, Großmutter. In dieser privaten Welt geht es im weitesten Sinne um Beziehungsfragen: Welcher Familie, Kultur oder Religionsgemeinschaft gehöre ich an? Mit wem fühle ich mich verbunden, und welche Position nehme ich ein? Was sind meine sozialen Netzwerke? Wie stelle ich mir meine Zukunft vor und wie gestalte ich sie? Im Beruf sind es die Rollen des Kollegen, Vorgesetzten, Mitarbeiters, Auszubildenden oder Assistenten, die ebenfalls miteinander in Verbindung stehen. Hier werden hierarchische Unterschiede und Funktionen innerhalb einer Organisation sichtbar. Es geht um Visionen, Ziele, Werte und Beziehungskonstellationen in einem Unternehmen sowie die eigene Historie in und Identifikation mit diesem.

Rollenkonflikte lassen sich herausfinden (oder vermeiden), wenn uns in jeder Situation bewusst ist, in welcher Rolle wir uns gerade befinden. Daher sollten Sie zunächst jene Rollen identifizieren, die in irgendeinem Bezug zu Ihrem Anliegen stehen. Dabei kann es sich um berufliche wie auch private oder gesellschaftliche sowie offizielle (Teamleiter, Mitarbeiter, Kollege etc.) und inoffizielle Rollen (Held,

Außenseiter, Pausenclown, Schlichter, Sündenbock, Querulant, Mädchen für alles etc.) handeln. Sie können altersabhängig, geschlechtsspezifisch oder familienbezogen sein. »*Die Unterscheidung von Rollen und Quasi-Rollen ist nicht nur von theoretischem Interesse, sondern auch von praktischer Bedeutung für das Verständnis der Vorgänge in Gruppen und für die Erklärung und den Umgang mit Problemsituationen.*« (Schmidt-Lellek/Schreyögg 2009)

Frank Lotses inoffizielle Rolle als »Troubleshooter« beispielsweise kollidierte mit seiner offiziellen Rolle als Führungskraft, die ihm anderes abverlangte, als technische Rätsel zu lösen; der Fokus seiner Arbeit aber lag genau darauf. Führen Sie daher alle Rollen auf, die Sie innehaben und die direkt oder indirekt mit Ihrem Anliegen zu tun haben. Überlegen Sie, ob es sich dabei um eine offizielle oder inoffizielle Rolle handelt und wer die Beteiligten sind, die mit dieser Rolle verbunden sind. Allein die Differenzierung beider Rollen kann zu erhellenden Einsichten führen.

**Prüfung der Situation**

Ein wesentlicher Bestandteil der Rollenklärung ist die Situationsanalyse. In einer Art Rundumbetrachtung entsteht hierbei ein Bild vom Ist-Zustand, bei dem möglichst genau erfasst werden soll, wo sich der Betreffende zu einem bestimmten Zeitpunkt befindet, wie er sich selbst sieht und wie er von externen Personen wahrgenommen wird. Zusätzlich wird analysiert, in welchen weiteren Situationen ein bestimmtes Verhalten auftritt.

Die Situationsanalyse ist eine komplexe Aufgabe und viele Informationen sind schwer greifbar. So fällt die Beschreibung der inneren Vorgänge vor allem Kopfmenschen schwer, die meist ungeübt darin sind, eigene Gefühle, innere Konflikte oder persönliche Eigenarten wahrzunehmen und zu benennen. Das nachfolgende Schema des Kommunikationspsychologen *Christoph Thomann* bietet jedoch eine gute Strukturhilfe bei der Schilderung von Problemen oder Entwicklungsabsichten, bei denen es sowohl um die Betrachtung des systemischen Kontextes als auch um das innere Befinden des Akteurs in konkreten Schlüsselsituationen geht. Durch die schematische Darstellung in Form eines Hauses werden komplexe Situationen auf das Wesentliche reduziert und die relevanten Informationen schnell auf den Punkt gebracht.

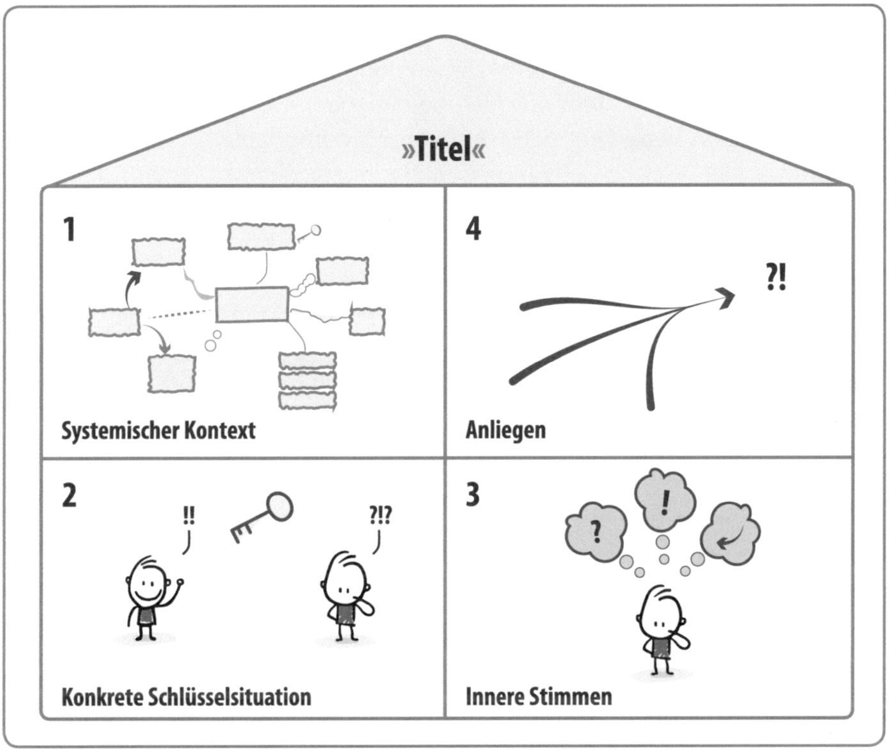


**Abb. 19:** Schema Situationsanalyse nach Christoph Thomann, eigene Darstellung

### *Systemischer Kontext*

Im ersten Feld geht es darum, den strukturellen Hintergrund des Anliegens in Form einer »Beziehungslandkarte« darzustellen. Zum einen sollen hier die eigene Stellung und Rolle sichtbar gemacht werden, zum anderen wird dargestellt, wie die Beteiligten hierarchisch (Wer ist wem vorgesetzt bzw. unterstellt?) und funktional (Wer hat welche Aufgabe oder Verantwortung?) miteinander verknüpft sind.

### *Konkrete Schlüsselsituation*

Statt sich in abstrakte Sachschilderungen zu verstricken, geht es in diesem Quadranten um die Beschreibung erlebter Tatsachen. Anhand einer (Schlüssel-)Situation sollen das Problem / der Wunsch oder Menschen mit typischen Aussagen gezeigt werden.

***Innere Stimmen***

In diesem Feld werden die Selbstwahrnehmung des Akteurs und seine innere Auseinandersetzung mit dem Anliegen beschrieben. Was geht in ihm vor, wenn er seine Situation betrachtet bzw. wenn er mit dem Problem / seinem Wunsch konfrontiert wird? Welche Gedanken, Gefühle, innere Stimmen regen sich in ihm? Welche Dialoge laufen ab? Warum ist es ihm so wichtig?

***Anliegen***

Aus den vorangegangenen Feldern kristallisiert sich das Anliegen heraus, worauf eine persönliche Antwort gefunden werden soll. Die Formulierungen beginnen mit den Worten: »Wie schaffe ich es ...?«, »Wie kann ich ...?« oder »Wie erreiche ich ...?«.

***Titel***

Zum Schluss erhält das Haus noch eine treffende Überschrift, die ins »Dachgeschoss« eingefügt wird. Wie bei einem Filmtitel oder einer Zeitungsschlagzeile darf der Titel auch gerne plakativ sein.

**Protagonist:** Frank Lotses »Haus« entstand nach folgenden Überlegungen:

- An der Situation beteiligt sind seine sechs ihm direkt unterstellten Mitarbeiter, sein Vorgesetzter und die Personaler mit dem Assessment-Center-Ergebnis.
- In der wöchentlichen Projektbesprechung sitzen alle Mitarbeiter im Raum und beobachten ihn, während er vorne am Flipchart steht und die nächsten Schritte vorstellt. Paul wirft ein: »Das dürfte schwierig werden!« Alle anderen Mitarbeiter bleiben stumm und sitzen mit verschränkten Armen da.
- Frank fühlt zwar die angespannte Atmosphäre, verschanzt sich in seiner Unsicherheit aber hinter Fakten. Die ablehnende Haltung seiner Mitarbeiter macht in gleichermaßen ratlos wie wütend. Er erhöht den Druck, was wiederum zu Unruhe, Verärgerung und Vertrauensverlust im Team führt.
- Frank möchte verstehen, wo das Kommunikationsproblem liegt, und lernen, wie er seine Mitarbeiter emotional besser mitnehmen kann.
- In Anbetracht der fast zum Erliegen gekommenen Kommunikation wählt er den passenden Titel »Funkstille«.

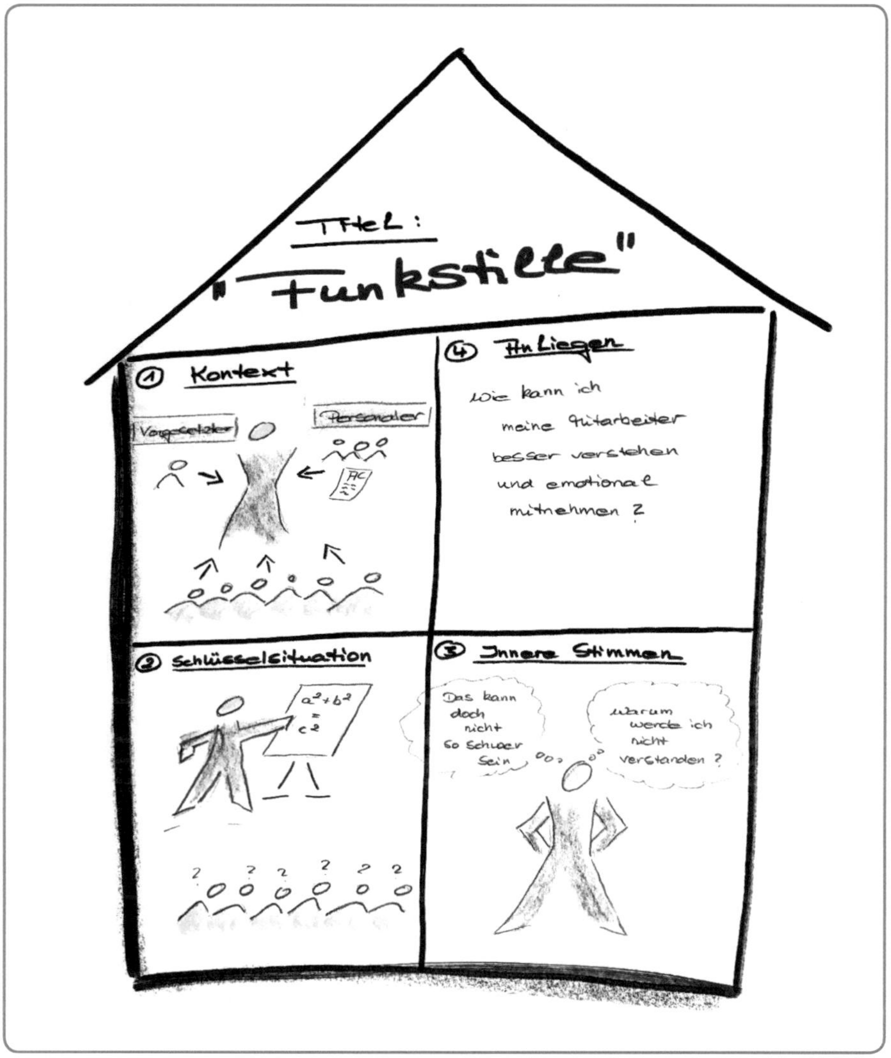


**Abb. 20:** Schema Situationsanalyse – Original aus der Sitzung mit Frank Lotse

**Übung: Situationsanalyse**
Für diese Übung benötigen Sie folgendes Material: DIN-A1-Papier und farbige Stifte.

Zeichnen Sie zunächst die Umrisse eines zweistöckigen Hauses und teilen Sie es in vier gleich große Felder. Alternativ können Sie sich auch die Vorlage »Situationsanalyse« downloaden (QR-Code S.123). Füllen Sie diese entgegen dem Uhrzeigersinn aus. Neben der verbalen Erläuterung können auch bildhafte Darstellungen sehr hilfreich sein. Nutzen Sie für diese Übung die nachfolgenden Fragen.

**Feld 1:** Wie stehen die Beteiligten hierarchisch, familiär und funktional in Verbindung?

**Feld 2:** Welche konkrete Schlüsselsituation gibt es, die das Anliegen, das Problem oder den Konflikt auf den Punkt bringt?

**Feld 3:** Welche Gefühle habe ich in diesen Situationen? Welche Gedanken kommen mir in den Kopf? Welche inneren Bilder gibt es? Welche Dialoge laufen ab?

**Feld 4:** Um was geht es genau? Was will ich erreichen?

**Dach:** Welchen Titel gebe ich meinem Anliegen?

### Klärung der Erwartungen und Verantwortlichkeiten

In unserem Alltag leben und arbeiten wir mit vielen Personen und Personengruppen zusammen, die unterschiedliche Erwartungen an uns haben. Dabei können wir natürlich nicht immer jedem und allem gerecht werden. Die Folge ist, dass Konflikte mit den Rollenpartnern entstehen können, vor allem, wenn die Erwartungen im Widerspruch zu den eigenen Vorstellungen, Bedürfnissen oder Werten stehen. Wenn zum Beispiel jemand aus der Rolle der Führungskraft heraus eine Vorgabe »von oben« durchsetzen muss, obwohl er persönlich ganz anders entschieden hätte. Im Idealfall entspricht das eigene Handeln immer der eigenen inneren Haltung als Mensch. Dann können wir authentisch agieren und haben eine starke, überzeugende Wirkung.

Neben der Klärung von Erwartungen ist es auch wichtig, herauszufinden, bei wem welche Verantwortung liegt. In Unternehmen werden Rollenverantwortungen häufig in Anforderungs-, Aufgabenprofilen oder Funktionsbeschreibungen skizziert. Liegen diese vor, lassen sich leicht die eigenen Tätigkeiten damit abgleichen. Sollte sich herausstellen, dass die Rolle und die damit verbundenen Aufgaben nicht ausreichend transparent und abgesprochen sind, liegt hier womöglich eine Ursache für Misserfolge und (Über-)Belastungen.

**Übung: Klärung der Erwartungen und Verantwortlichkeiten**
Um zu klären, inwiefern Ihre Problemsituation Folge von vernachlässigter oder falscher Verantwortung sein könnte, beantworten Sie die unten stehenden Fragen und ziehen Sie aus dem Ergebnis Ihre Schlussfolgerungen.

- Was sind meine eigenen Erwartungen an die Rolle?
- Welche Aufgaben, Entscheidungen und Verhaltensweisen sind damit verknüpft?
- Was sind meiner Meinung nach die Erwartungen der Beteiligten an meine Rolle?
- Wie verhalte ich mich in Bezug auf die Erwartungen?
- Wie wirke ich auf die anderen?
- Was liegt in meiner Verantwortung, was nicht bzw. wer ist tatsächlich verantwortlich?

### 7.3.4 Verhaltensmuster

Die meisten unserer Handlungsweisen befähigen uns zu einem selbstbestimmten Leben: zu einem Beruf, einer sportlichen Laufbahn oder zu sozialen Kontakten. Dabei passen wir unsere Verhaltensmuster jeweils unserem Umfeld an und entwickeln sie fortlaufend weiter. Das macht uns erfolgreich und zufrieden. Alles läuft, wie es laufen soll.

Wie wir inzwischen wissen, können erlernte Verhaltensweisen aber ebenso beschränkenden, einengenden oder kontakthemmenden Charakter haben. Dann ecken wir bei unseren Mitmenschen an oder arbeiten uns sisyphosähnlich an etwas ab. Es sind solche unerwünschten Verhaltensweisen, die uns das Leben buchstäblich schwer machen. Eine Methode, diese aufzudecken und bewusste Veränderungen sowohl im Verhalten als auch in der Kommunikation herbeizuführen, ist die **Transaktionsanalyse (TA)**. Sie wurde in den 50er-Jahren von dem amerikanischen Psychiater *Dr. Eric Berne* entwickelt und entstand aus seiner Beobachtung, dass Patienten innerhalb eines Gespräches immer wieder ihre (Körper-)Haltung, Stimmlage und teilweise sogar das Vokabular veränderten und dabei unterschiedliche emotionale Phasen durchlebten. Im Unterschied zu den Rollen, die jemand im Laufe des Tages einnimmt und sich bewusst entsprechend verhält, lagen hier Emotionen zugrunde, die ihren Ursprung in der Kindheit hatten.

Berne kam zu dem Schluss, dass jeder Mensch, egal welchen Alters, sowohl seine Eltern als auch das Kind, das er einst war, in sich trage. Prägend seien Schlüsselerlebnisse aus den ersten sechs Lebensjahren, die sich besonders tief ins Gehirn eingraben. Gerät jemand in eine Situation, die an diese Erlebnisse erinnert, verhält er sich automatisch wie damals als Kind bzw. wie einst seine Eltern. Zusammen mit dem Erwachsenenanteil, der sich im Laufe des Lebens durch die Auseinandersetzung mit der Wirklichkeit entwickelt, bilden diese drei Kategorien das Ich-Zustandsmodell.

**Abb. 21:** Das Ich-Zustandsmodell nach Eric Berne

### Das Eltern-Ich

Im Zustand des Eltern-Ichs fühlen, denken und verhalten wir uns wie unsere Eltern oder andere Respektspersonen. Wir senden sowohl fürsorgliche als auch kritische Botschaften, wobei wir insbesondere bei Kritik Gefahr laufen, die persönlichen Grenzen unseres Gegenübers zu überschreiten. Denn dann sind wir belehrend, abwehrend oder sogar verurteilend. Aus dem positiven Teil des Eltern-Ichs heraus verhalten wir uns liebevoll und fürsorglich, sodass Raum für Entfaltung entsteht, während ein vom fürsorglichen Eltern-Ich überbehütetes Kind wenig Erwachsenenanteile entwickelt und abhängig bleibt. Der Zustand des Eltern-Ichs ist angemessen, wenn es um Entscheidungen geht, dafür aber keine ausreichenden Informationen zur Verfügung stehen. Dann lassen wir uns auf keine Experimente ein, sondern greifen lieber auf Erfahrungen und Altbewährtes zurück. Sicherheit und Verantwortung haben Vorrang.

### Das Erwachsenen-Ich

In diesem Ich-Zustand befinden wir uns im Hier und Jetzt. Wir nehmen Informationen auf, verarbeiten diese und reagieren in adäquater Form. Es gilt Dinge abzuwägen, Antworten zu geben und zu handeln – rational, sachlich und erwachsen. Emotionen weichen dem rationalen Denken und logischem Handeln. Eine wichtige Funktion des Erwachsenen-Ichs ist es zudem, auf Tatsachen beruhende

Folgen von Handlungen und Entscheidungen zu beurteilen oder eine Prognose in Bezug auf deren Wirksamkeit zu geben. Diese, auf objektiven Fakten basierende Kritik unterscheidet sich von der moralisierenden des kritischen Eltern-Ichs.

**Das Kind-Ich**

Aus dieser Position heraus verhalten wir uns wie das Kind, das wir einmal waren. Es kommt immer dann zum Vorschein, wenn es um Spiel, Spaß und Spannung geht, wenn wir etwas Neues erkunden, ausprobieren und genießen, in Kontakt sein und Nähe leben wollen. Andererseits ist das Kind-Ich verantwortlich dafür, dass sich andere über uns ärgern, weil wir uns ihnen gegenüber egoistisch, emotional oder rücksichtslos verhalten.

Das Kind-Ich kennt alle Gefühle, von Liebe und Freude über Angst und Unsicherheit bis hin zu Wut und Hass. Auf dieser Ebene agiert es einerseits angepasst, andererseits auch spontan oder rebellisch. Der Wechsel vom unbeschwerten zum rebellischen Verhalten ist dabei fließend. Während das positiv angepasste Kind-Ich uns viel Ärger erspart, weil wir uns an die gegebenen Regeln halten und gut in die Gesellschaft integrieren, verleitet der rebellische Anteil oft dazu, aus lauter Trotz die eigenen Vorteile außer Acht zu lassen und damit uns selbst zu schaden. Dieses Verhalten entstammt der Strategie der »negativen Aufmerksamkeit«, mit der wir schon als kleiner Junge respektive kleines Mädchen genau das Gegenteil von dem taten, was von uns erwartet wurde, um die elterliche Zuwendung zu erhalten. Da wir im Grunde auch dann immer noch auf Kindheitsregeln reagieren, wird die Rebellion ebenfalls dem Zustand des angepassten Kind-Ichs zugeordnet.

Für Sie noch einmal zusammengefasst alle Ich-Zustände mit ihren verbalen und nonverbalen Merkmalen:

| Ich-Zustand | Verhalten / innere Haltung | Körpersprache / Stimme | Worte / typische Aussagen |
|---|---|---|---|
| f EL | **Verhalten:** umsorgt und pflegt, hört zu, gibt gerne, lobt, tröstet, unterstützt, ermutigt, beschützt, nimmt anderen viel ab | **Mimik/Gestik:** lächeln, offene Arme, über den Kopf streicheln, Schulterklopfen, Augenzwinkern | **Worte wie:** gut, hübsch, reizend, toll, großartig, darfst |
| | **Innere Haltung:** (über-) fürsorglich, verständnisvoll, tolerant, mitfühlend, ängstlich | **Stimme:** beruhigend, warm, liebevoll, zärtlich, besorgt | **Aussagen wie:** »Kopf hoch!«, »Halb so schlimm!«, »Du Armer!«, »Du schaffst das!«, »Beruhige dich erst einmal!«, »Ich mache das für dich.« |
| k EL | **Verhalten:** kritisiert, weist zurecht, befiehlt, beherrscht, bestraft, kontrolliert, beschimpft, sorgt für Recht und Ordnung | **Mimik/Gestik:** erhobener Zeigefinger, böser Blick, Kopfschütteln, Stirnrunzeln, Naserümpfen, Händeringen, Fäuste ballen | **Worte wie:** muss, soll, darfst nicht, hätte, immer, nie, schlecht, lächerlich |
| | **Innere Haltung:** autoritär, bewertend, moralisierend, herablassend, weiß alles besser, Schuldige suchend | **Stimme:** laut oder leise, hart, aggressiv, scharf, druckvoll, spöttisch, ironisch, zynisch, sarkastisch | **Aussagen wie:** »Man tut/tut nicht …!«, »Keine Widerrede!«, »So wird das nie was!«, »Lass dich bloß nicht erwischen!«, »Wirst du wohl …!«, »Ich warne dich!« |
| ER | **Verhalten:** beobachtet, sammelt Informationen und Fakten und wertet diese aus, ist sachlich, leidenschaftslos, differenziert, zeigt wenig Gefühle | **Mimik/Gestik:** direkter Blickkontakt, aufmerksam zuhörend, verhalten, nachdenklich | **Worte wie:** wer, wie, was, warum, wo, wie viel, wahrscheinlich, verglichen mit |
| | **Innere Haltung:** reif, objektiv, logisch, entspannt, aufgeschlossen | **Stimme:** sachlich, klar und deutlich, neutral, ruhig | **Aussagen wie:** »Ich bin der Meinung …«, »Ich denke …«, »Nach Abwägen aller Faktoren …« |

| Ich-Zustand | Verhalten / innere Haltung | Körpersprache / Stimme | Worte / typische Aussagen |
|---|---|---|---|
| **f KI** | **Verhalten:** spielt, singt, tanzt, ist begeistert, witzig, charmant, kreativ, leichtsinnig, impulsiv, unkontrolliert, leidenschaftlich, vorlaut, freut und ärgert sich, weint und lacht | **Mimik/Gestik:** federnder Gang, offener oder schmollender Mund, rudert mit den Armen oder reißt sie jubelnd hoch, wippt mit den Beinen, zieht Grimassen | **Worte wie:** toll, irre, juchhe, galaktisch und andere Superlative oder Kraftausdrücke |
| | **Innere Haltung:** spontan, natürlich, neugierig, authentisch, unbekümmert, egoistisch, will Spaß, scheut Verantwortung | **Stimme:** laut, lebendig, plappernd, enthusiastisch, sich überschlagend, mitreißend, emotional | **Aussagen wie:** »Ich will/will nicht …!«, »Aua!«, »Das macht Spaß!«, »Na, hör mal!« |
| **a KI** | **angepasstes Verhalten:** höflich, kompromissbereit, rücksichtsvoll, gehorcht, zieht sich zurück, fühlt sich schuldig, zögert, ist passiv, ängstlich, verlegen, unsicher, schämt sich, ohne eigene Meinung, wünscht statt zu fordern | **Mimik/Gestik:** hängende Schultern, Erröten, vermeidet Blickkontakt<br><br>**Stimme:** leise, flüsternd, weinerlich, besänftigend | **Worte wie:** ja, bitte, danke<br><br>**Aussagen wie:** »Ich kann nicht …!«, »Ich traue mich nicht!«, »Na gut.«, »Was werden die Leute sagen?«, »Tut mir leid.« |
| | **rebellisches Verhalten:** kämpferisch, trotzig, zornig, auflehnend, auf die Barrikaden gehend | **Mimik/Gestik:** mit dem Fuß aufstampfen, Arme verschränken, Faust strecken<br><br>**Stimme:** laut, trotzig, wütend, lustlos | **Worte wie:** nein, niemals, egal<br><br>**Aussagen wie:** »Jetzt erst recht!«, »Das interessiert mich nicht!«, »Das lass ich nicht mit mir machen!«, »Lass mich in Ruhe!«, »Ich habe keine Lust …!« |
| | **Innere Haltung:** (über-) angepasst, bescheiden, nachgiebig oder eben genau das Gegenteil: rebellisch, ablehnend, unnachgiebig | | |

**Abb. 22:** Ich-Zustände

In den meisten Situationen können wir unseren Ich-Zustand der Situation entsprechend wählen und uns adäquat verhalten. Das gelingt, solange nichts Außergewöhnliches passiert. Bei (emotionalem) Stress verlieren wir an Souveränität. Dann zeichnet sich die Tendenz ab, immer wieder in einem bestimmten Ich-Zustand zu landen, gleichgültig, ob dieser angemessen ist oder nicht.

Aber auch ohne Krisensituation zeigen sich produktive und weniger produktive Seiten der jeweiligen Ich-Zustände. Wenn eine Führungskraft vorwiegend aus ihrem fürsorglichen Eltern-Ich agiert, wird sie bei Überschreitung gesetzter Fristen gegenüber ihren Mitarbeitern mit Verständnis reagieren und ihnen mehr Zeit einräumen. Dominiert dieser Anteil, wird sie womöglich, statt Leistung einzufordern, lieber Aufgaben selbst erledigen in der Erwartungshaltung, dass die Mitarbeiter sich dafür dankbar zeigen.

Aus dem kritischen Eltern-Ich heraus übernimmt der Vorgesetzte Verantwortung – sowohl für das Team als auch für die Ergebnisse. Andererseits läuft er aber Gefahr, es mit seinen hohen Ansprüchen zu überfordern. Auf die Nicht-Erfüllung ihrer Erwartungen reagiert er dann ausgesprochen ärgerlich und hart.

Aus dem freien Kind-Ich heraus zeigt er sich experimentierfreudig, wenn es beispielsweise um die Vertriebswege für das neue Produkt geht. Gleichzeitig werden dabei auftauchende Probleme womöglich auf die leichte Schulter genommen. Das angepasste Kind-Ich sorgt für Diplomatie und Kompromissbereitschaft, wobei die Kehrseite eine zu hohe Obrigkeitshörigkeit mit sich bringen kann. Hier besteht das Risiko, das Vertrauen und den Respekt der Mitarbeiter zu verlieren.

Eine Führungskraft, die sich vorrangig im Erwachsenen-Ich befindet, geht anstehende Projekte überlegt und lösungsorientiert an. Entertainment ist hingegen kaum zu erwarten, wenn die Fakten nüchtern und sachlich aufgeführt und Aufgaben verteilt werden. Die Motivation bleibt dabei auf der Strecke.

**Protagonist:** Ähnlich erging es unserem Protagonisten, dessen monotone Vorträge wenig Aufmerksamkeit, geschweige denn Begeisterung bei seinen Mitarbeitern weckten. Es war hauptsächlich der Gleichklang in seiner Stimme, der seine Zuhörer schnell innerlich abschalten ließ. Infolgedessen kamen wichtige Informationen gar nicht erst an, was zu Missverständnissen und Fehlern führte, auf die Frank aus seinem kritischen Eltern-Ich heraus mit Vorwürfen reagierte. Sein scharfer Tonfall sowie seine belehrende Art setzten eine ganze Kette an Negativreaktionen in Gang. Während sich einige der Betroffenen verunsichert zurückzogen, rebellierten andere offen gegen diese wenig wertschätzende Form der Kritik. Als die Ablehnung seiner Mitarbeiter immer offensichtlicher wurde, zog Frank sich seinerseits gekränkt zurück (Kind-Ich). Das Gefühl, nicht »okay« zu sein, kannte er nur zu gut. Als kleiner Junge war er immer mit Liebesentzug bestraft worden, wenn er mal wieder etwas angestellt hatte. Statt vernünftigerweise nach Möglichkeiten zu suchen, wie er sein Team motivieren konnte, beschäftigte er sich die meiste Zeit damit, gegen seine unangenehmen Gefühle anzukämpfen und nach außen hin so zu tun, als hätte er alles unter Kontrolle.

Menschen zeigen im Alltag mehr oder weniger deutlich ein durch ihre Persönlichkeit und Entwicklung geprägtes Verhalten, welches sich auf das Zusammenwirken der verschiedenen Ich-Zustände zurückführen lässt. Die Schweizer Psychologen *Karl Kälin* und *Peter Müri* haben deswegen einen Test entwickelt, mit dem sich die jeweilige Ausprägung genauer bestimmen lässt. Das sogenannte **Egogramm** stellt grafisch dar, wie häufig und intensiv die verschiedenen Ich-Zustände eines Menschen prinzipiell in Erscheinung treten. Der Durchschnittswert liegt etwa bei 50 Prozent (gemessen an 3000 deutschsprachigen Testpersonen). Geringe Unterschiede zwischen den einzelnen Instanzen deuten auf eine innere Ausgeglichenheit und die Fähigkeit hin, zwischen den Verhaltensweisen schnell wechseln zu können, während die Dominanz eines bestimmten Ich-Zustands (mehr als 15 Punkte Differenz) vor allem in Stresssituationen dazu führt, dass sich die Wahrnehmung des Betreffenden verengt oder er nur sehr schwer »aus seiner Haut« kommt. In solchen Fällen geht es in erster Linie um die Rechtfertigung der eigenen Haltung.

**Übung: Egogramm**

Die bequemste Art, die Ausprägung Ihrer Ich-Zustände zu ermitteln, ist ein kostenloser Online-Test im Internet (z. B. unter ***http://www.touch-down.ch/tdego/***).

Übertragen Sie anschließend die Ergebnisse in die unten stehende Tabelle. Aus den zuvor erwähnten Gründen impliziert der angepasste Kind-Ich-Anteil – sozusagen als Kehrseite ein und derselben Medaille – auch das rebellische Kind-Ich und wird nicht extra aufgeführt (vgl. Abschnitt über das »Kind-Ich«).

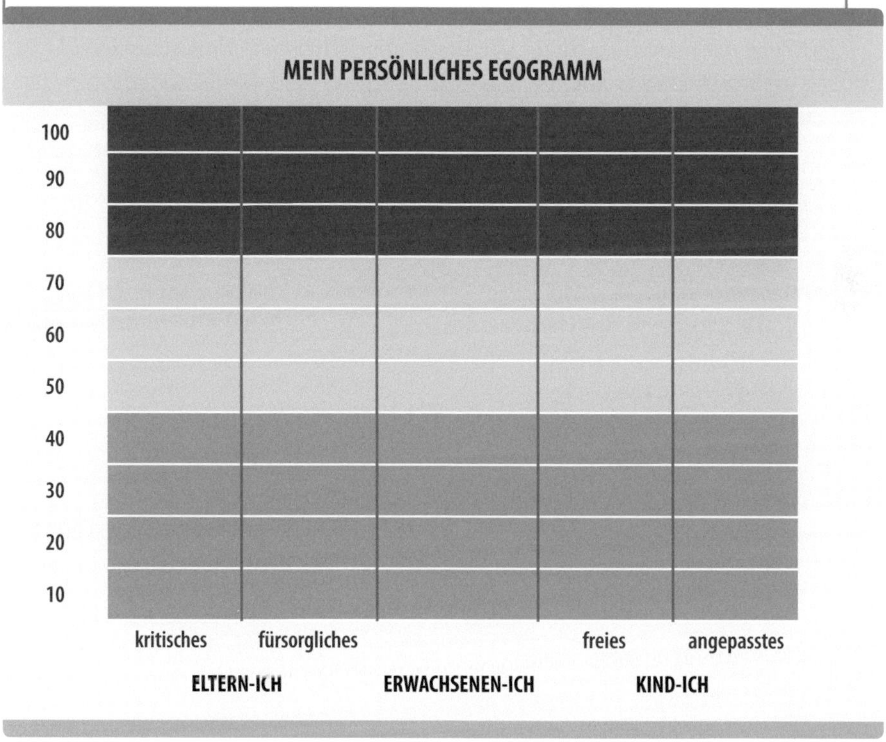


**Abb. 23:** Übung Egogramm nach Darstellung aus der Transaktionsanalyse

Je höher eine bestimmte Ausprägung, desto kritischer ist dieser Ich-Zustand zu betrachten (auf der Skala 75 bis 100 Prozent – dunkelgrau).
Umgekehrt zeigen Werte im unteren Bereich potenzielle Entwicklungsfelder an (auf der Skala 0 bis 45 Prozent – mittelgrau). Alles andere befindet sich im Normbereich (auf der Skala 45 bis 75 Prozent – hellgrau).
Bevor Sie sich an die Veränderungsarbeit begeben, sollten Sie wissen, dass es viel leichter ist, einem Ich-Zustand Energie zuzuführen, als von ihm Energie abzuziehen. Überlegen Sie demnach, wohin Sie mehr Energie leiten möchten, um einen positiven Effekt auf dem »überdosierten« Gebiet zu erhalten.

**Zwischenfazit:** Aus der Analyse der einzelnen Ich-Zustände und deren gegenseitigen Beeinflussung (Transaktionen) ergibt sich die Möglichkeit, ineffizienten oder gar zerstörerischen Kommunikations- und Verhaltensmustern auf die Spur zu kommen und diese gegebenenfalls zu korrigieren. Allein das Bewusstsein, aus welchem Ich-Zustand heraus Sie in bestimmten Situationen bevorzugt handeln, kann helfen, die Qualität Ihrer Kommunikation und des Umgangs mit anderen Menschen zu verbessern. Voraussetzung dafür, wie überhaupt für Veränderungsarbeit, ist allerdings, dass nicht irgendwelche »Glaubenssätze« dagegenwirken, die uns in unserem Denken und Fühlen einschränken. Grund genug, sich das Thema einmal näher anzuschauen.

Glaubenssätze beflügeln oder bremsen.

## 7.3.5 Glaubenssätze

Glaubenssätze sind tief verwurzelte Überzeugungen von uns selbst und darüber, was in der Welt um uns herum alles möglich ist. Es handelt sich um Regeln und Erfahrungen, die wir im Laufe unseres Lebens machen, die diesem eine Bedeutung geben und unser ganzes Denken und Handeln beeinflussen. Glaubenssätze bilden sich durch unsere Erziehung, unser Umfeld und unsere Kultur und entstehen entweder durch Nachahmung, mündliche Konditionierung oder durch Erfahrungen. Wir übernehmen sie von den Eltern und anderen Autoritäten, die uns prägen. So lernen wir auch von klein auf, was andere von uns halten oder erwarten.

Prägende elterlichen Botschaften müssen nicht einmal offen ausgesprochen werden, sondern können in Sprüchen, Weisheiten oder allgemeinen Klischees verpackt sein. Indem wir immer wieder das Gleiche erleben oder hören, leiten wir daraus irgendwann eine Regel ab. Manchmal haben wir Glaubenssätze aber auch selbst gebildet, zum Beispiel dann, wenn wir uns in der Kindheit öfter unbeachtet gefühlt haben. Durch die ständige Wiederholung einer bestimmten Situation oder eines Gefühls entsteht dann zum Beispiel ein Glaubenssatz wie »Niemand interessiert sich für mich«, der sich durch das gesamte Leben ziehen kann. Die wenigsten Glaubenssätze sind uns bewusst. Manche wirken konstruktiv und führen zu Erfolg und Zufriedenheit. Sie treiben uns voran, machen uns Mut und lassen uns wachsen. Solche beflügelnden Sätze sind beispielsweise: »Du kannst alles erreichen, was du willst!«, »Am Ende wird alles gut!« oder »Es ist nie zu spät für einen Neuanfang!«.

Mit einer positiven inneren Überzeugung erfolgen Handlungen fast automatisch. Allein durch die bewusste Wahrnehmung richten wir den Fokus auf das, was unsere positiven Glaubenssätze aussagen. Wer denkt, dass er abnehmen kann, der wird seine Diät diszipliniert durchziehen. Wer davon überzeugt ist, eine schwierige Aufgabe bewältigen zu können, dem wird sie leichter von der Hand gehen.

Wer fest daran glaubt, den Partner fürs Leben zu finden, der wird dem oder der Richtigen begegnen. Denn wie durch eine Art Rückkopplungssystem ziehen wir mit dieser positiven Einstellung tatsächlich entsprechende Situationen und Personen in unser Leben. Gleiches gilt jedoch auch in negativer Hinsicht: Wenn wir statt einer positiven Bestätigung schon von klein auf zu hören bekommen, was wir alles nicht können und was für Versager wir sind, weil wir beispielsweise mit schlechten Noten aus der Schule kommen und später dann bei der Bewerbung um einen Ausbildungsplatz oder um einen Job nur Absagen bekommen, dann glauben wir irgendwann tatsächlich, ein totaler »Loser« zu sein. Allein der Glaube, schwach zu sein, schwächt. Das ist das Prinzip der sich selbst erfüllenden Prophezeiung.

*»Ob du glaubst, du kannst es, oder ob du glaubst, du kannst es nicht – du hast in jedem Falle recht.«*
(Henry Ford)

Unbewusst suchen wir immer wieder die Bestätigung für unsere inneren Annahmen, sodass sich diese immer mehr in uns verankern. Manche Glaubenssätze wandeln sich mit wachsender Erfahrung, einige weichen auf, andere kommen hinzu. Dann gibt es auch solche Überzeugungen, die wie Pech an unseren Schuhsohlen kleben, was zur Folge hat, dass wir nicht einfach etwas ändern können. Glaubenssätze schreiben das Drehbuch unseres Lebens. Beruhen sie auf Irrtümern, kann man sie auflösen. Sind sie auf Ängste zurückzuführen, ist es hilfreich, sich ihnen zu stellen. Ansonsten ergeht es einem möglicherweise wie meinem früheren Nachbarn.

**Fallbeispiel:** Als gelernter Elektriker verdiente Rolf mit seiner eigenen Firma für sich und seine dreiköpfige Familie den Lebensunterhalt. Die Geschäfte liefen gut, aber er war nicht wirklich zufrieden. Bei einem Wochenendseminar zur Selbstfindung freundete er sich mit Uli an. Der infizierte ihn mit der Idee, aus dem Hamsterrad auszusteigen und mal ganz was anderes zu machen. Rolf musste auch nicht lange nach Alternativen suchen, sondern brannte förmlich darauf, Architektur zu studieren. Schon als kleiner Junge hatte er davon geträumt, moderne Bauten zu entwerfen, sich dann aber doch in die Familientradition eingereiht und ein solides Handwerk erlernt. Da Rolf ein bisschen Geld angespart hatte und einer seiner Angestellten die Firma kommissarisch übernehmen konnte, stand seine Frau dem Ganzen aufgeschlossen gegenüber. Während er sich an der hiesigen Universität einschrieb, erinnerte er sich an den Spruch seines Großvaters, der immer wieder gesagt hatte: »Schuster, bleib bei deinen Leisten!« Auch seine Eltern waren mit diesem Motto stets gut gefahren. Als Rolf dann durch die ersten Klausuren gefallen war, fühlte er sich in seinem abgespeicherten Glaubenssatz bestätigt. Da sein Wunsch, Architekt zu werden, aber nach wie vor in ihm brannte, strengte er sich noch mehr an, nur um frustriert festzustellen, dass er auf der Stelle trat. Weitere Anläufe blieben erfolglos. Letztendlich ist er in seinen alten Beruf zurückgekehrt und hat seine Firma wieder übernommen.

Was war passiert? Rolfs inneres Programm mit dem destruktiven Glaubenssatz »Schuster, bleib bei deinen Leisten« hat perfekt funktioniert! Er hatte sich schlichtweg nicht erlaubt, erfolgreich zu sein, und damit die Entwicklung seines Potenzials blockiert. Da halfen weder Ehrgeiz noch Fleiß. Die einzige Chance, sein Ziel zu erreichen, hätte darin bestanden, die unbewusste Blockade aktiv aufzulösen.

## Gestalten Sie das Drehbuch Ihres Lebens!

Um herauszufinden, welche Glaubenssätze in Ihnen wirken, sollten Sie sich bewusst machen, was Sie denken und fühlen. Nur Bewusstes können Sie beeinflussen. Achten Sie besonders auf immer wiederkehrende Gedanken. Die kommen schnell zum Vorschein, wenn Sie auf etwas Unerwartetes stoßen oder sich ganz in Ihrem Element befinden. Achten Sie auf Formulierungen, die Sie häufig verwenden, wenn etwas besonders gut oder besonders schlecht gelungen ist. Und fühlen Sie in sich hinein! Wenn Sie ein wiederkehrendes Gefühl in sich wahrnehmen, wird dem häufig ein Glaubenssatz zugrunde liegen. Je öfter dieser auftaucht, desto aktiver ist er.

Allein dadurch, dass Sie sich Ihre inneren Überzeugungen vergegenwärtigen und diese bestimmten Personen oder Situationen zuordnen, bekommen Sie Abstand zu diesen Mustern. Unterziehen Sie den ein oder anderen Glaubenssatz einem Realitätscheck. Vielleicht stellt sich heraus, dass es gar nicht stimmt, was Sie über sich und die Welt denken. Dass Ihre Überzeugung nichts mit der Realität, dem Hier und

Jetzt zu tun hat, sondern mit dem, was lange zurückliegt und damit, wie Sie von Ihren Bezugspersonen gesehen oder behandelt wurden. Unterscheiden Sie also zwischen Glaubenssatz und Tatsache. »Ich habe kein Abitur!« ist ein Fakt, während der Gedanke »Weil ich kein Abitur habe, kann ich keine Karriere machen!« eindeutig in die Kategorie »Glaubenssatz« gehört. Denn es gibt durchaus Menschen, die auch ohne höheren Schulabschluss erfolgreich geworden sind. Der Fashion-Unternehmer *Ralph Lauren* zum Beispiel, die Schauspielerin *Iris Berben* oder die beiden Schriftsteller *Thomas Mann* und *Hermann Hesse*, die beide den Nobelpreis in Literatur erhielten. Tennis-Profi *Boris Becker* hat sogar überhaupt keinen Schulabschluss. Erfolgreich zu sein funktioniert also auch ohne Abitur – mit einer Portion Mut und einem starken Selbstbewusstsein.

**Übung: Glaubenssätze identifizieren**

Da positive Glaubenssätze in der Regel eher beflügeln als ausbremsen und von daher gerne auch im Verborgenen wirken dürfen, konzentrieren wir uns in dieser Übung auf die Identifizierung Ihrer negativen Glaubenssätze, also solcher, die Sie von Ihrem Vorhaben abhalten oder es zumindest erschweren. Notieren Sie auf einem Blatt Papier Ihre Antworten zu den nachstehenden Fragen:

- Welches sind meine »Lieblingssätze«, wenn mir etwas schwerfällt oder misslingt?
- Welche immer wiederkehrenden Gedanken habe ich?
- Welche Verallgemeinerungen verwende ich oft (zu erkennen an Formulierungen wie: immer, nie, alle, niemand, grundsätzlich)?
- Welche Redewendungen oder Sprüche habe ich als Kind oft gehört und übernommen? Zum Beispiel: »Lieber den Spatz in der Hand als die Taube auf dem Dach«, »Geld verdirbt den Charakter« oder »Im Leben braucht man Ellebogen«.
- Auf diese Art kommen Sie schon mal einigen Ihrer einschränkenden Glaubenssätze auf die Schliche. Erkennen Sie irgendwelche Zusammenhänge? Welcher Glaubenssatz erscheint Ihnen in Verbindung mit Ihrem Anliegen relevant zu sein? Konzentrieren Sie sich auf diesen und hinterfragen Sie ihn!

- Welche Erlebnisse und Erfahrungen führten zu diesem Glaubenssatz? Wann habe ich in der Vergangenheit konkret so etwas erlebt, gespürt oder gesagt bekommen (z. B.: Wie oft musste ich bisher tatsächlich einen Verlust hinnehmen, wenn ich nach Größerem strebte? Oder umgekehrt: Wie oft habe ich es bei anderen beobachtet, dass sie Bewährtes losgelassen und ihr Ziel erreicht haben?)? Was sind bloße Vermutungen oder welche Vorurteile liegen dem zugrunde (z. B., dass die begehrenswerten Dinge der Welt unerreichbar sind)?
- Was ist der Nutzen und was sind die Folgen meines Glaubenssatzes? (Nutzen: Ich habe eine Ausrede mir selbst gegenüber, mich z. B. nicht auf die besser bezahlte Stelle bewerben zu müssen. Folgen: Es wird keinen beruflichen Aufstieg oder eine Gehaltserhöhung geben.)

Wenn Sie sich nachdrücklich bewusst machen, dass es sich bei Ihren »Wahrheiten« lediglich um Glaubenssätze handelt, verhindern Sie, dass diese Sie in Ihrer Entwicklung unbemerkt behindern können. Um sich von diesen Glaubenssätzen zu befreien, beantworten Sie folgende Fragen:

- Welche positiven Erfahrungen stehen meinem Glaubenssatz gegenüber oder welche Beweise widerlegen ihn (z. B.: Wen kenne ich, der viel Geld besitzt und trotzdem einen guten Charakter hat?)?
- Wie kann ich meinen Glaubenssatz umschreiben (z. B.: »Ich kann viel Geld verdienen und weiterhin der nette Typ von nebenan bleiben!«)?

Allerdings reicht es nicht, nur eine Gegenthese oder einen Schlüsselsatz zu bilden. Er muss auch verankert werden. Dabei helfen **Affirmationen**, also bewusst positiv ausgedrückte Formulierungen, die man sich immer und immer wieder selbst vorbetet. Affirmationen wirken wie ein Befehl an das Unterbewusstsein und sind der Schlüssel, um dem Gehirn neue Muster beizubringen.

**Protagonist:** Franks feste Überzeugung, dass Gefühle im beruflichen Kontext nichts zu suchen haben, haben wir im Coaching einem Realitätscheck unterzogen. Menschen, die denken, es passe nicht zu ihrer beruflichen Rolle, persönliche Dinge anzusprechen, und es koste nur wertvolle Zeit, über »so

etwas« zu sprechen, tun sich erfahrungsgemäß schwer mit Emotionen. Es ist ein Teil ihrer Persönlichkeit, nur über das zu sprechen, was sie unmittelbar weiterführt. In der Regel sind das Sachthemen. Dabei ist es gerade in Bezug auf die Motivation von Mitarbeitern wichtig, dass eine Führungskraft auch Gefühle äußern und damit umgehen kann. Ein wissenschaftlicher Artikel über entsprechende Untersuchungen, den ich ihm zur Bekräftigung vorlegte, führte Frank buchstäblich vor Augen, dass sein bisheriger Glaubenssatz auf einem Irrtum basierte. Um beruflich weiterzukommen, musste er wohl oder übel umdenken.

Bei näherer Betrachtung stellte sich im weiteren Verlauf unseres Coachings heraus, dass hinter seinem Irrglauben, Professionalität und Emotionen seien nicht miteinander vereinbar, eine tief verwurzelte Angst steckte. Zeit seines Lebens hatten ihm seine Eltern (Vater: Mathematik-Professor, Mutter: Oberstufenlehrerin) das Leistungsprinzip vorgelebt. So wurde in der Familie Lotse zwar viel für Bildung und den Intellekt getan, Gefühle spielten hingegen kaum eine Rolle. Aufmerksamkeit bekam Frank als Kind nur, wenn er mit guten Noten aus der Schule kam. Seine logische Schlussfolgerung daraus war, nur dann etwas wert zu sein, wenn er Leistungen brachte. Emotionen waren dabei eher hinderlich.

Nachdem ihm diese Zusammenhänge klar geworden waren, wurde Franks alter, destruktiver Glaubenssatz mithilfe einer Affirmation durch einen neuen, positiven ersetzt. Da er sich innerlich sträubte, Gefühle pauschal als etwas »Erwünschtes« zu betrachten, suchten wir nach einer indirekten Formulierung. Vier Wochen lang stellte sich der ITler jeden Morgen vor den Spiegel und wiederholte seine Affirmation: *»Es lohnt sich, auf die Bedürfnisse und Gefühle meiner Mitarbeiter einzugehen.«*

Schon bald zeigten sich in seinem Arbeitsalltag erste Veränderungen in seinem Denken und infolgedessen auch in seinem Verhalten. Am Ende nahm er den Zettel mit seinem alten Glaubenssatz und zerriss ihn. Damit verabschiedete sich Frank endgültig von dieser inneren Blockade.

**Zwischenfazit:** Es ist unsere Entscheidung, ob wir unser Leben mit positiven Glaubenssätzen bereichern oder durch Negativbotschaften sabotieren wollen. Verändern wir unsere Gedanken, dann verändern sich nicht nur unsere Gefühle und Einstellungen, sondern auch unser Handeln. Das wiederum hat Einfluss auf den Verlauf des Geschehens und damit auch auf die Resultate.

**Abb. 24:** TWOS-Masterplan® – Stufe 4

## 7.4 Stufe 4: Strategien entwickeln

Diese vierte Stufe bildet das Kernstück des *TWOS-Masterplans*. Hier tragen Sie alles zusammen, was Sie über sich, Ihr Anliegen und die Rahmenbedingungen herausgefunden haben. Anhand sämtlicher »Zutaten« entstehen in einer Art »Schmelztiegel« praktikable Lösungskonzepte, die von korrigierten Fortsetzungen der bereits eingeschlagenen Wege bis hin zu völlig neuen Ansätze reichen können. Denn auch wenn es sich bei der Problemerfassung und Lösungsfindung um fließende und einander bedingende Vorgänge handelt, die sich nicht scharf voneinander trennen lassen, werden nun bewusst Aktivitäten eingeleitet, um etwas Konkretes zu erreichen. Sie erhalten ein immer besseres Verständnis davon, was funktionieren kann, was wichtig ist und wie sich die Dinge verändern lassen. Wer ein anderes Ergebnis will, muss etwas anders machen als bisher.

Nachdem Sie das Ziel spezifiziert haben **(Stufe 1),** wissen, über welche Ressourcen Sie verfügen **(Stufe 2),** was Sie antreibt und an welchem Punkt Sie am besten ansetzen können **(Stufe 3),** bedarf es nun der richtigen Strategie **(Stufe 4),** um dieses Vorhaben auch erfolgreich umzusetzen **(Stufe 5).**

Coaching, Beratung und Therapie bieten für Veränderungsprozesse viele allgemeine Methoden und Hilfsmittel. Da es sich in diesen Prozessen aber stets um einen individuellen Menschen in einer besonderen Lebenssituation mit spezifischen Fähigkeiten, Interessen und sozialen Randbedingungen handelt, liegt die Herausforderung darin, ein passgenaues Tool zu finden, welches die jeweilige Person dazu befähigt, ihre Verhaltensmuster zu verändern und Probleme zu lösen. Hier darf gerne eine Prise Kreativität beigemischt werden – beispielsweise in Form einer Modifikation bewährter Tools oder scheinbar paradoxer Interventionen.

Kreativität ist weniger eine Frage des Talents als der richtigen Technik und kann demnach trainiert werden. In uns allen steckt deutlich mehr, als wir uns zutrauen. Wir filtern im Alltag ständig Details aus einer Informationsflut heraus und binden diese in ein größeres Gedankensystem ein. Dadurch werden unsere Gedanken in eine neue Richtung gelenkt und der Blickwinkel erweitert. Neuere Studien aus der Gehirnforschung belegen zudem, dass neuronale Verknüpfungen ein ganzes Leben möglich sind. Also, keine Angst vor Kreativität, sie ist Teil eines jeden Menschen!

> Wenn Sie etwas ändern wollen, dann müssen Sie etwas anders machen als bisher.

## 7.4.1 Kreativtechniken

Lassen Sie mich Ihnen im Folgenden drei sehr kreative Techniken vorstellen, die wunderbar geeignet sind, um ausgetretene Pfade und geistige Routinen zu durchbrechen. Eine davon ist die Methode der Gedankenverknüpfung. Da das Denken kein linearer Vorgang, sondern ein äußerst komplexer Prozess ist, bei dem im Gehirn ständig neue – durch Schlüsselwörter hervorgerufene – Assoziationen und Strukturen gebildet werden, kann zwischen verschiedenen Gedankengängen »hin- und hergesprungen« werden. Auch wenn die wissenschaftliche Annahme, dass die linke Gehirnhälfte bei den meisten Menschen für rationales Denken (Worte, Zahlen, Listen, Logik und Analysen) zuständig ist, während der rechte Teil überwiegend das räumliche Denken (Bilder, Farben, Rhythmen und Fantasien) steuert, inzwischen überholt ist, ergeben sich durch die Nutzung aller beteiligter Regionen nützliche Synergien. Auf diese Weise lassen sich zwei ursprünglich isolierte Begriffe leicht miteinander verbinden. Diese von dem britischen Psychologen *Tony Buzan* geprägte kognitive Technik nennt sich **Mindmapping.**

**Mindmapping**

Mindmapping ist eine Methode, um komplexe Zusammenhänge in assoziativen Strukturen darzustellen. Indem Gedanken in Form von Schlagwörtern oder Bildern gesammelt, geordnet und gegliedert werden, lassen sich kreativ und gleichzeitig »gehirngerecht« Lösungsansätze erarbeiten. Es entsteht eine Art Gedankenlandkarte (das Mindmap), bei der einerseits gezeichnete Elemente genutzt werden, um Verbindungen aufzuzeichnen, und andererseits mit Stichwörtern oder Symbolen die Inhalte festgehalten werden.

Ein Mindmap entsteht auf unliniertem Papier im Querformat (DIN A4 oder größer) und wird nach bestimmten Regeln erstellt und gelesen. Unliniert deshalb, weil dies weder in Größe noch Aufteilung Grenzen setzt und somit das hierarchische Strukturdenken (von oben nach unten) aufhebt. Das Querformat bietet viel Platz für die einzelnen Begriffe, die – vom Kreis abgehend – auf Linien geschrieben werden und in alle Richtungen zeigen dürfen. Eine wichtige Regel des Mindmappings lautet, dass nur jeweils *ein Wort pro Linie* verwendet werden darf. Dadurch ist man gezwungen, seine Gedanken zu komprimieren und auf den Punkt zu bringen, was wiederum zu mehr Klarheit führt.

Nachdem die Oberbegriffe auf den Hauptzweigen des Mindmaps stehen, schließen sich in dünner werdenden Ästen die zweite und dritte Gedankenebene (Unterkapitel) an, ähnlich wie es bei einer Ahnentafel mit den Nachkommen gemacht wird. So gelangt man von dem Hauptpunkt zu Nebengedanken, aus denen sich weitere Begriffe formulieren lassen.

Die Zusammenhänge zwischen den einzelnen Begriffen können durch Verknüpfungen (Linien) dargestellt werden. Der Übersichtlichkeit halber werden für Personen, Aufgaben, Zuständigkeiten und kritische Punkte unterschiedliche

Farben verwendet. Gemalte Symbole, geometrische Figuren oder Satzzeichen erleichtern zusätzlich die Erfassung der Inhalte und helfen, die Querverbindungen hervorzuheben.

Das Ganze sieht dann etwa wie folgt aus:

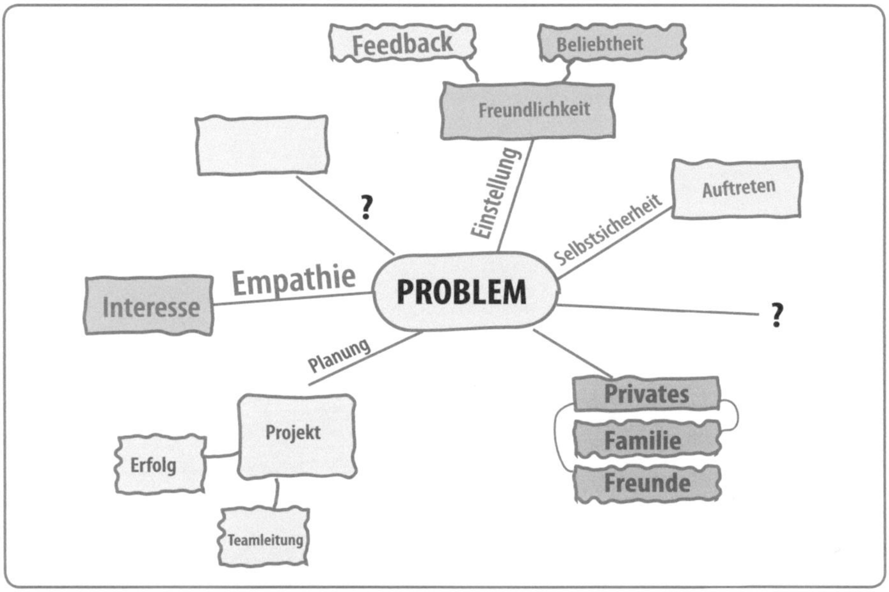


**Abb. 25:** Beispiel für ein Mindmap

Jeder Ast und jede Verästelung wird vom Mittelpunkt aus gelesen. Theoretisch kann auch jedes Wort der Mittelpunkt eines neuen Mindmaps sein, sodass zum Schluss ein Netz an Verbindungen und Informationen entsteht. Für unsere Zwecke genügt allerdings eine schlichtere Version von Mindmap – schließlich wollen wir es so einfach wie möglich halten.

**Übung: Mindmap erstellen**
Material: unliniertes Papier, Buntstifte und eventuell Klebstoff und eine Schere

**1. Zentrales Thema aufschreiben:** Legen Sie das Blatt Papier quer und schreiben Sie Ihren Wunsch oder das Problem in GROßBUCHSTABEN in die Mitte. Sie können stattdessen auch ein passendes Bild ausschneiden und aufkleben. Bilder sind meist aussagekräftiger als Worte. Anschließend ziehen Sie einen Kreis darum.

**2. Schlüsselbegriffe finden:** Überlegen Sie, welche Begriffe es gibt, die mit Ihrem Thema direkt oder indirekt zusammenhängen. Notieren Sie alles, was von Bedeutung ist. Jedes Wort kann zu neuen Assoziationen führen. Schreiben Sie die Begriffe auf Linien, die vom Kreis in alle Richtungen abgehen. Wenn Sie nicht gleich griffige Worte zur Hand haben, zeichnen Sie einfach leere Äste und besetzen diese mit Fragezeichen, Zahlen oder Symbolen. Diese können Sie später ersetzen oder auch wieder streichen.

**3. Zusammenhänge finden:** Versuchen Sie bei scheinbar zusammenhanglosen Begriffen Gemeinsamkeiten zu finden – und seien die noch so banal. Notieren Sie diese und experimentieren Sie damit herum, indem Sie beispielsweise neue Wortkombinationen kreieren. Dabei müssen die Wörter sich nicht zwingend logisch ergänzen, d. h. einen Sinn ergeben oder etwas Realistisches darstellen. Lassen Sie Ihren Gedanken freien Lauf. Streichen Sie nach Belieben durch und tauschen Sie aus. Alles ist erlaubt. Selbst aus dem Absurdesten können brauchbare Ideen entstehen.

Ihr Mindmap soll keinen künstlerischen Anforderungen genügen oder besonders präzise gezeichnet sein. Zu hohe Ansprüche behindern nur den Ideenfluss. Es ist ein Werkzeug, das dabei helfen soll, Gedanken zu ordnen und kreative Lösungsansätze zu finden.

**Protagonist:** Mit den von Frank Lotse gelieferten Schlüsselwörtern aus seiner Bundeswehrzeit (vgl. Kapitel »Biografischer Hintergrund«) – wie Nachrichten, Signale, Entschlüsselung, Anleitungen, Codetafeln, Empfänger, Sender und Funkgerät – erstellten wir ein Mindmap und suchten nach Verbindungen zwischen den Begriffen. Letztendlich war es die Analogie zwischen Körper- und Funksignalen als Ausdrucksform nonverbaler Kommunikation, die zu der entscheidenden Idee führte, wie Frank Zugang zu dem für ihn befremdlichen Thema »Empathie« finden konnte. Beiden »Sprachen«, also sowohl der Körper- als auch der Programmiersprache, liegt nämlich eine Art »Code« zugrunde. Die auf dieser Erkenntnis gründende Strategie bestand darin, Basisgefühlen wie Angst, Furcht, Freude, Trauer, Überraschung oder Abscheu ihre spezifischen Ausdrucksformen zuzuweisen und das Repertoire nach und nach zu erweitern. So entstand Franks »Signalbuch nonverbaler Kommunikation« – ein Tool, das dem ITler wie auf den Leib geschnitten war. Anhand dieses Verzeichnisses gelang es ihm, die nonverbalen Signale seiner Mitarbeiter zu »entschlüsseln«, was allgemein zu einem besseren Verständnis beitrug. Schnelle Erfolgserlebnisse auf Basis seiner Stärken öffneten Frank für weitere »Sozialexperimente«. Der erste wichtige Schritt in Richtung Empathie war demnach getan.

**Kopfstandmethode**

Mit dieser Technik wird das ursprüngliche Problem auf den Kopf gestellt – man konstruiert also das Gegenteil der Ausgangslage. Der radikale Blickwechsel eröffnet dabei neue und kreative Lösungsmöglichkeiten, auf die man so ohne Weiteres gar nicht gekommen wäre. Dabei wirkt es nicht nur ungeheuer befreiend, sondern es macht auch viel Spaß, darüber nachzudenken, was man alles tun kann, um zum Beispiel maximal *erfolg-los* zu sein. Gerade solche Übertreibungen helfen dabei, Blockaden zu lösen und einmal in eine ganz andere Richtung zu denken.

**Abb. 26:** Kopfstandmethode

Beispiel: Nehmen wir an, das Ziel wäre, eine zwanzigprozentige Umsatzsteigerung zu erreichen und mehr Kunden zu gewinnen. Dann wäre das Gegenteil davon, Kunden mit allen Mitteln von sich fern- oder vom Kauf abzuhalten. Hierfür gibt es bestimmt eine ganze Menge an Möglichkeiten, die sich dazu bestens eignen. So könnte man zum Beispiel komplett auf Akquise verzichten, das eigene Produkt schlechtmachen oder die Preise ins Unermessliche erhöhen.

Wenn wir in einem zweiten Schritt diese Negativ-Maßnahmen wieder »auf die Füße« stellen, würden sich folgende Maßnahmen zur Zielerreichung ergeben: alle Kontakte anrufen oder anschreiben, dabei auf die Besonderheiten des Produktes hinweisen und mit einem Sonderangebot einen Anreiz zum Kauf schaffen. Dabei muss nun nicht zu jedem Stichwort zwanghaft das genaue Gegenteil gefunden werden. Manchmal dient das Auf-den-Kopf-Stellen auch nur als Sprungbrett für weitere kreative Ideen. In Kombination mit der Technik des Mindmappings lassen sich »Gedankenfäden« so hervorragend weiterspinnen und die mit der Lösung verbundenen Teilaufgaben gleich mit finden.

In einem dritten Schritt wird jede gefundene Maßnahme noch auf ihre Umsetzbarkeit hin überprüft, wobei ungewöhnliche Ideen nicht sofort als unrealistisch verworfen werden sollten. Was auf den ersten Blick zu teuer, zu zeitintensiv oder zu aufwendig erscheint, könnte bei genauerer Betrachtung vielleicht in Teilen doch noch realisiert werden. In der Regel springt bei der Anwendung der Kopfstandmethode mindestens ein brauchbarer Lösungsansatz heraus. Sind es mehrere, wird die Reihenfolge bestimmt, in der die Maßnahmen umgesetzt oder ausprobiert werden sollen.

**Lernen am Modell**

Etwas weniger kreativ, dafür genauso effektiv ist das Lernen am Modell. Wer sagt denn, dass man »das Rad immer neu erfinden« oder sämtliche Fehler selbst begehen muss? Meine Empfehlung lautet daher: Orientieren Sie sich an Personen, die bereits dort sind, wohin Sie gerne möchten. Schon als Kind lernen wir anhand von Vorbildern. Je mehr wir uns mit einer Person identifizieren, desto eher trauen wir uns zu, dasselbe zu erreichen. Wenn wir, um zu unserem Beispiel zurückzukehren, eine drastische Umsatzsteigerung anstreben und sehen, dass andere Key-Account-Manager dies schon mehrmals geschafft haben, dann wissen wir: So etwas ist möglich. Und wenn es möglich ist, dann können auch wir es vielleicht schaffen. Vorbilder sind demnach nicht nur gute Vor-, sondern insbesondere auch echte Mutmacher.

Suchen Sie sich also ein Vorbild, das zu Ihrem Ziel passt. Das kann jemand aus dem unmittelbaren Umfeld sein, aber auch eine Person des öffentlichen Lebens. Nehmen Sie sich ein Beispiel an Ihrem Chef, der bereits die Position innehat, die Sie anstreben, oder an Ihrem alten Studienkollegen, der seine Festanstellung gekündigt hat, um sich mit seiner Geschäftsidee selbstständig zu machen. Sollte Ihre Wahl auf einen Prominenten fallen und von ihm eine Biografie existieren, besorgen Sie sich das Buch. Die Lebensgeschichten von erfolgreichen Menschen wirken extrem inspirierend.

Bei allem Ehrgeiz, möglichst kreative Lösungsstrategien zu entwickeln – wichtiger als Kreativität sind Funktionalität und Passgenauigkeit. Die Hauptsache ist und bleibt, den Hebel bei seinen Stärken anzusetzen. Vielleicht inspirieren Sie folgende Beispiele aus meiner Coachingpraxis?

## *7.4.2 Fallbeispiele*

**1. Wertschätzende Kommunikation: der Richter und die Mimose**
Im Spätherbst letzten Jahres suchte mich Bernd auf und bat um Unterstützung in einer privaten Angelegenheit. Der 49-jährige Richter arbeitete am hiesigen Landgericht, war Ehrenmitglied in diversen Gremien und politisch engagiert. Seit seiner Scheidung vor drei Jahren lebte er mit seiner Mutter zurückgezogen in einem Generationenhaus am Rande der Stadt. Ansonsten beschränkten sich seine sozialen Kontakte auf das beruflich Notwendige. Die anstrengende 60-Stunden-Woche kompensierte der Workaholic mit langen Spaziergängen in der Natur. Daneben diente ihm ein idyllisch oberhalb des Rheinufers gelegener Schrebergarten als Refugium.

Anlass des Besuches war ein heftiger Streit mit seiner Mutter, der bereits zwei Monate zurücklag. Auslöser dafür sei eine kritische Bemerkung seinerseits zu ihrem »hohen Mitteilungsbedürfnis« den Nachbarn gegenüber gewesen, was sich seiner Meinung nach einfach »nicht gehöre«. Nach einem unschönen Wortwechsel habe sich seine Mutter beleidigt zurückgezogen. Fakt ist, dass die beiden seitdem kein einziges Wort mehr miteinander gesprochen hatten. Auf die Frage, ob dies öfter vorkäme, schüttelte der promovierte Jurist den Kopf. Zwar gebe es immer mal wieder Diskussionen zu diversen Themen, aber noch nie wäre es derart eskaliert.

Da die 68-Jährige seit dem Tod des Vaters Bernds wichtigste Bezugsperson war, fürchtete er, dass die Kommunikation ganz abbrechen könnte. In seine Sorge mischte sich zudem unüberhörbar das Unverständnis darüber, wie sich ein erwachsener Mensch so kindisch verhalten konnte. Vermutlich hätte er die alte Dame am liebsten vorbeigeschickt. Weil er aber mit seiner »direkten Art« auch bei anderen aneckte, wollte er grundsätzlich etwas an seiner Kommunikation verbessern. Seine konkrete Zielformulierung lautete deshalb: »Unterstützen Sie mich dabei, Kritik anderen gegenüber wertschätzend zu formulieren.«

Mein Klient stammte aus einer angesehenen Rechtsanwaltsfamilie, in der bereits der Vater wie auch der Großvater als Volljuristen Karriere gemacht hatten. Seine Erziehung und die seines jüngeren Bruders bezeichnete er als sehr streng, aber christlich. Es wurde viel Wert auf die Einhaltung moralischer Prinzipien gelegt. Noch heute hängt das Bild mit den vier Kardinaltugenden (Klugheit, Gerechtigkeit, Tapferkeit und Mäßigung) wie ein Monument über dem Wohnzimmerkamin. Man kann sagen, Bernd junior wuchs behütet und ohne materielle Nöte auf, emotionale Bedürfnisse blieben hingegen unbefriedigt.

Die Frauen dieser Traditionsfamilie führten an der Seite ihrer erfolgreichen Männer eher ein Schattendasein, ihr Aktivitätsbereich beschränkte sich auf Familie und Haushalt. So hatte auch in der Ehe seiner Eltern der Vater die familiäre Vorherrschaft inne. Bernds Versuch, das Konzept auf die eigene Ehe zu übertragen, hatte diese schnell scheitern lassen. Es war das erste Mal im Hause der Richter, dass sich eine der Gattinnen gegen dieses antiquierte Frauenbild auflehnte. Und als wäre das nicht schon »skandalös« genug, rebellierte nun auch die rüstige Seniorin gegen alles, was ihr erwachsener Sohn sagte oder entschied. Es schien nur noch eine Frage der Zeit, bis es zum endgültigen Bruch kommen würde.

Ihren Charakter beschrieb Bernd ansonsten als stolz, empfindsam und stur. Er selbst sah sich als jemand mit ausgeprägtem Gerechtigkeitssinn, analytischem Denkvermögen und hohem Ehrgeiz. Durch das Profiling, das wir gemeinsam vornahmen, wurde sein Stärkenprofil unter anderem noch um die Eigenschaften Entschlossenheit, Zuverlässigkeit, Durchsetzungsvermögen und Verantwortungsbewusstsein ergänzt. Zu seinen wichtigsten Werten zählten Fleiß und Disziplin. Der Richter strahlte eine gewisse Autorität aus, ohne direkt unnahbar zu wirken. Seine akzentuierte und überlegte Art zu sprechen verlieh ihm eine gewisse Steifheit, die kaum Emotionen durchschimmern ließ. Die Verzweiflung über die Disharmonie im eigenen Hause wirkte allerdings echt.

Im Gerichtssaal war Bernd es gewohnt, sich gegen Uneinsichtigkeit und Starrsinn durchzusetzen. Da wurde einfach nach Aktenlage geurteilt. Während er bei der Verurteilung von Straftaten im beruflichen Kontext Akzeptanz erfuhr, führte seine Urteilskraft im Privaten dazu, dass sich immer mehr Freunde und Kollegen von ihm zurückzogen. Das zeigte deutlich, dass es hier um mehr als nur um die Vermittlung von Kommunikationstechniken ging. Es ging auch darum zu erkennen, dass Menschen, die primär darauf achten, recht zu behalten, oftmals Gefahr laufen, ihr persönliches Glück aufs Spiel zu setzen.

Mit einem Zitat von *Dr. Marshall Rosenberg*, dem Begründer der Gewaltfreien Kommunikation, wagte ich einen vorsichtigen Vorstoß: »*Willst du recht haben oder glücklich sein? Beides gleichzeitig geht nicht.*« Diese These mag sich zwar mehr auf Lebenserfahrung als auf konkretes Aktenmaterial stützen, aber letztlich liegt ihr mindestens genauso viel Wahrheit zugrunde wie den Gesetzestexten.

Die **Gewaltfreie Kommunikation (GFK)** ist ein Konzept, welches Menschen ermöglichen soll, eine wertschätzende Beziehung zu entwickeln. Es soll helfen, sich – unter Berücksichtigung von Bedürfnissen und Gefühlen beider Seiten – ehrlich und klar auszudrücken. Das »Modell der einfühlsamen Kommunikation«, wie die GFK auch genannt wird, entstand aus Rosenbergs Auseinandersetzung mit der amerikanischen Bürgerrechtsbewegung in den 60er-Jahren, als es darum ging, die Rassentrennung an Schulen und Institutionen auf friedvollem Wege abzuschaffen – ein Thema, das der politisch engagierte Jurist extrem spannend fand. Bernds Interesse an der Biografie des bekannten Psychologen und Mediators, der lange Zeit auch in Krisengebieten tätig war, hatte sicherlich einen hohen Anteil daran, dass er sich für dieses Tool öffnete.

Bernds GFK-konformer Trainingsplan bestand aus vier Schritten: Zunächst sollte er die konkrete Handlung seiner Mutter beobachten, ohne sie mit einer Bewertung oder Interpretation zu vermischen. Anschließend ging es darum, seine Gefühle (z. B. Ärger, Unsicherheit, Traurigkeit) zu beschreiben, die durch das Verhalten der Mutter bei ihm ausgelöst wurden. Im dritten Schritt sollte er sein Bedürfnis äußern (z. B. nach Kontakt, Verständnis, Anerkennung), welches hinter dem Gefühl steckt, um abschließend einen Wunsch oder eine Bitte an seine Mutter zu richten. Dabei sollte er folgendes Formulierungsmuster verwenden: »Wenn ich sehe, wie du … dich zurückziehst, wenn wir nicht einer Meinung sind, und deswegen tagelang kein Wort mit mir sprichst **(Beobachtung),** dann macht mich das … traurig **(Gefühl),** weil … du mir wichtig bist und ich mit dir in Kontakt sein möchte **(Bedürfnis).** Deshalb wünsche ich mir, dass du … mir sagst, wenn dir etwas nicht passt **(Wunsch).**«

Mit Schritt eins, der Beobachtung ohne Bewertung, tat sich Bernd erwartungsgemäß am schwersten. Da er immer wieder auf seine moralischen Grundsätze zurückfiel, empfahl es sich, an seiner inneren Haltung zu arbeiten. Ein Paradigmenwechsel in diesem Bereich ist erfahrungsgemäß keine leichte Aufgabe, weil unsere innere Haltung – bestehend aus einem *Konglomerat* an Glaubenssätzen, Schlussfolgerungen, Erfahrungen und Werten – uns Orientierung und Stabilität im Leben gibt. Hier etwas bewegen zu wollen bedeutet, an seinen eigenen Gedanken und Gefühlen zu arbeiten. Dies wiederum bedarf neben einer schonungslosen Offenheit auch viel Energie, um Widerstände zu überwinden.

Da in unseren Leidenschaften naturgemäß viel Energie und Kraft steckt, gehe ich bei meinem Coaching stets auf die Suche nach solchen Kraftquellen. Schließlich offenbaren diese auch die Stärken des Klienten. Eine von Bernds Leidenschaften galt seinem Hobby, der Kleingärtnerei. Mir war aufgefallen, dass er mit derselben Begeisterung von seinen Blumen erzählte, wie er über das deutsche Rechtssystem dozierte. Mit Freude kam er meiner Einladung nach, doch mal zu erzählen, was ihn bei der Kleingärtnerei so faszinierte. Bei dem dann folgenden Botanik-Exkurs kam es mir vor, als holte ich im Zeitraffer den Biologiestoff der kompletten Oberstufe nach. Am Ende wusste ich wieder alles über Lebenszyklus, Stoffwechsel, Wachstum und Aufbau von Pflanzen, deren Inhaltsstoffe, ihre Ökologie und den wirtschaftlichen Nutzen für die Landwirtschaft. Der entscheidende Hinweis lag jedoch in seiner Schlussbemerkung, dass jede Pflanzenart individuell behandelt werden müsse. Die größte Herausforderung bestünde darin, einen Schössling so zu pflegen, dass aus ihm eine neue Pflanze wachsen kann. Dafür betrieb er einen extrem hohen Aufwand. Um für den ganzjährigen Gemüseanbau eine gleichmäßig warme Temperatur des Bodens und der Luft sowie optimale Lichtverhältnisse zu gewährleisten, schaffte er sich teure Messgeräte, eine Raumheizung und eine automatische Bewässerungsanlage an. Besonders anspruchsvolle

Gewächse wurden gegen den Frost zusätzlich in Schilfrohrmatten eingerollt oder mit trockenem Laub bedeckt.

Es war schon erstaunlich, wie selbstverständlich und beinahe fürsorglich sich der Hobbygärtner um seine Zöglinge kümmerte, während »der Richter« sich menschlichen Bedürfnissen und Eigenarten gegenüber unempfänglich zeigte. Diesen vermeintlichen Widerspruch verband ich mit der Frage, mit welcher Blume er seine Mutter vergleichen würde. Ohne lange zu überlegen, nannte er die Mimose – ein Halbschattengewächs, das stark auf mechanische Reize reagiert und deshalb im Sprachgebrauch als Synonym für »Empfindlichkeit« steht. Bei der kleinsten Berührung rollen sich die länglich-ovalen und paarig angeordneten Fiederblätter direkt zusammen. Zusätzlich knickt das gesamte Blatt nach unten ab, um sich etwa eine halbe Stunde später wieder in die ursprüngliche Position zurückzubewegen. Die Parallelen zwischen der biologischen Schutzreaktion der Mimose und dem Kränkungsverhalten seiner Mutter waren unverkennbar. Auch die Mutter zog sich jedes Mal zurück, wenn sie kritisiert wurde. Weil das für beide jedes Mal einen Kraftakt bedeutete, galt es, Erschütterungen jeglicher Form zu vermeiden. So wie die Mimose möglichst hell bis sonnig stehen musste, um optimal zu gedeihen, brauchte seine Mutter mehr Beachtung, um richtig »aufzublühen«. Wenn Temperaturen über 20 Grad bei der Pflanze für ideale Wachstumsbedingungen sorgten, dann wirkte sich sicherlich auch ein »wärmerer« Tonfall förderlich auf die Mutter-Sohn-Beziehung aus. Das regelmäßige Düngen der Pflanze kann man als Metapher für die Zeit verstehen, die in soziale Kontakte investiert werden musste, um eine Grundlage für Vertrauen zu schaffen – und dies nicht nur in Bezug auf die Mutter.

Mithilfe dieses kleinen Schlenkers in die Pflanzenkunde entwickelten wir eine auf die Situation und die Bedürfnisse meines Klienten maßgeschneiderte »Pflegeanleitung« im Umgang mit seinen Mitmenschen. So wie Blumen regelmäßig gegossen werden müssen, profitieren auch Beziehungen von regelmäßigen Begegnungen. Immer wenn er der Blume Wasser gab, sollte er auch einer Person aus seinem sozialen Umfeld positive Beachtung schenken. Das Gießen und die persönliche Zuwendung waren unabdingbar miteinander verknüpft. Überdies schlug ich Bernd vor, sich eine echte »Mimosa púdica« in die Wohnung zu stellen. Damit hätte er seine Aufgabe stets im

Blick und wurde täglich daran erinnert: Lässt die Blume »den Kopf hängen«, ist es höchste Zeit für Beziehungspflege!

Am Ende hatte Bernd verstanden: Trete ich als gleichberechtigtes Gegenüber auf, das weder richtet noch bewertet, sorgt dies nicht nur für einen entspannteren Umgang, sondern auch für mehr Verbindlichkeit und letztlich für eine höhere innere Zufriedenheit. Ich kann andere nicht ändern, aber wenn ich mein Verhalten verändere, erhalte ich automatisch andere Antworten. Die Folge: Auch der andere ändert sich.

Der Lohn aller Anstrengungen zeigte sich, indem nicht nur Frieden im Haus des Richters einkehrte, sondern es wurde auch die ein oder andere Freundschaft wiederbelebt.

**2. Konfliktfähigkeit: das wissenschaftliche Experiment**
Vera, 38 Jahre, ist wissenschaftliche Mitarbeiterin in einem Pharmakonzern und lag wegen eines »Ordnungsproblems« mit ihrem neuen Kollegen Peter im Clinch. Der 54-jährige Forscher kam aus einem privatwirtschaftlichen Labor und war ihr schon in der Einarbeitungsphase wegen seines »unorthodoxen Arbeitsstils« unangenehm aufgefallen. Statt benutzte Arbeitsmaterialien direkt wegzuräumen, ließ er alles herumliegen. Auch sonst wirkte der »Professor«, wie der Neue kurzerhand getauft wurde, völlig unorganisiert. Bei dem Durcheinander fragten sich die Kollegen, wie er überhaupt brauchbare Ergebnisse zustande bekam. Doch während diese nur amüsiert den Kopf schüttelten, bereitete der peniblen Ordnungshüterin der Anblick von sich türmenden Reagenzgläsern, Folien und Teststreifen beinahe körperliche Schmerzen. Schon die Art, wie Peter seine Versuchsreihen anordnete, war Vera ein solcher Dorn im Auge, dass sie sich kaum noch auf die eigene Arbeit konzentrieren konnte. Ansprechen mochte die schüchterne Wissenschaftlerin ihn dann aber doch nicht. Peter wiederum wunderte sich seinerseits, warum die gut aussehende Brünette ständig zu ihm hinüberschielte, ihm ansonsten aber auswich.

Die Situation spitzte sich zu, als zwei Abteilungen zusammengelegt wurden und sich ausgerechnet die Ordnungsfanatikerin mit dem Chaoten einen Arbeitsplatz teilen sollte. Veras leiser Protest gegen diese Entscheidung verpuffte angesichts der räumlichen Enge, womit das Verhängnis seinen Lauf nahm. Als sich der von ihrem Kollegen produzierte Abfallhaufen bedrohlich nah auf sie zuschob, platzte der sonst so harmoniebedürftigen Wissenschaftlerin der Kragen und sie beschimpfte ihn coram publico als »Messie«. Peter wiederum wusste sich nicht anders zu helfen, als den Vorgesetzten einzuschalten, woraufhin meine Klientin zur Rede gestellt und anschließend offiziell abgemahnt wurde. Ein unaufgeräumter Arbeitsplatz rechtfertige keine Beleidigungen, hieß es lapidar, ohne irgendetwas gegen die Ursache dieses Streits zu unternehmen. Man machte der bis dato unauffälligen Mitarbeiterin unmissverständlich klar, dass bei weiteren verbalen Übergriffen die Kündigung erfolge. Statt die Aussprache zu suchen, gingen sich fortan beide Parteien demonstrativ aus dem Weg, was das Betriebsklima zusätzlich belastete. Auch in Sachen Ordnung trat keinerlei Verbesserung ein. Inzwischen schleppte sich Vera nur noch widerwillig zur Arbeit.

In ihrer Verzweiflung und der Unfähigkeit, mit dem Konflikt umzugehen, bat sie mich um Hilfe. Den Auftrag formulierte Vera wie folgt: »Bitte unterstützen Sie mich dabei, den Konflikt aktiv anzugehen, indem ich mein Bedürfnis nach Ordnung vorwurfsfrei ansprechen kann.« Idealerweise würde sich dann eine Lösung ergeben.

Probleme im beruflichen Kontext haben fast immer mit Menschen zu tun. Gleich, ob es ein Mitarbeiter oder Kollege ist, mit dessen Verhalten man nicht einverstanden ist bzw. der sich nicht an Vereinbarungen hält. Ein Problem anzusprechen und eine Lösung zu fordern, heißt daher fast immer, in eine zwischenmenschliche Auseinandersetzung zu gehen. Das erfordert gleichermaßen Mut wie Einfühlungsvermögen. Beides fehlte der 38-Jährigen, und zwar auch im privaten Bereich, wie sie erzählte. Die permanente Unterdrückung ihrer Gefühle hatte bereits zu einem Magengeschwür geführt. Viel von der angestauten Wut rührte daher, dass Vera sich bei Unstimmigkeiten nie entscheiden konnte, ob sie etwas sagen oder es stillschweigend hinnehmen sollte. Erst wenn der berühmte Tropfen das Fass zum Überlaufen gebracht hatte, platzte die Kritik förmlich aus ihr heraus. Während ihr Verstand kurz vorher noch an korrekten Formulierungen gearbeitet hatte, schossen die unqualifizierten Bemerkungen wie Tennisbälle aus einer Selbstschussanlage.

Mittlerweile hatte sie jedoch erkannt, dass dieses Verhalten eher zu einer Eskalation als zur Klärung der Situation führte, und wollte daran etwas ändern.

In den ersten Coaching-Sitzungen erfuhr ich, wie vielseitig und verantwortungsvoll die Aufgaben einer Laborantin sind. Detailliertes Planen, Organisieren und Analysieren gehörten ebenso dazu wie das Überwachen, Auswerten und Protokollieren von Experimenten. Manchmal mussten Tests bis zu einhundertmal wiederholt werden, um zu einem Ergebnis zu kommen. Daraus schlussfolgerte ich, dass meine Klientin nicht nur über eine ausgezeichnete Beobachtungsgabe verfügte, sondern auch über enorme Ausdauer.

Auch wenn im Unterschied zu einem biologisch-naturwissenschaftlichen Experiment eine empirische Untersuchung in der Regel schon durch die psychologischen Aspekte komplizierter ist, deklarierten wir den vorliegenden Fall zu einer »Feldstudie«. Diese stellten wir unter die Leitfrage: Wie kann der Konflikt beigelegt und die Ordnung im Labor wiederhergestellt werden? Vera sollte »erforschen«, welche Bedürfnisse, Interessen und Motive hinter dem Verhalten beider Parteien steckten, Kausalitäten herstellen sowie daraus adäquate Maßnahmen ableiten.

Gemeinsam erstellten wir einen Forschungsplan, der wie folgt aussah:

- Präzisierung des Ziels bzw. erwünschten Ergebnisses
- Auswahl der Instrumente (Tools) unter Beachtung vorhandener Ressourcen (Stärken)
- Bestimmung von Messkriterien und Stichproben bei Testobjekten
- Sammlung und Auswertung des Datenmaterials (beobachtete Reaktionen)
- Herstellen von Zusammenhängen und Erstellung einer Hypothese (Wenn-dann-Beziehungen, Ursachen, antizipierte Reaktionen)
- Bei Nichtbestätigung der Hypothese: Neubeginn des Verfahrens

- Bei Bestätigung der Hypothese: Akzeptanz und Ableiten von konkreten Maßnahmen
- Durchführung unter Realbedingungen (Umsetzung der Maßnahmen bei Peter)
- Verfolgung der Konsequenzen, die sich aus der Verhaltensmodifikation ergeben (Was verändert sich in mir und um mich herum?)
- Übernahme der neuen Fähigkeit in das Verhaltensrepertoire
- Etablierung durch regelmäßiges Anwenden an weiteren Testobjekten

In einem Versuchsprotokoll sollten sämtliche Beobachtungen und Ergebnisse schriftlich dokumentiert werden. Die Auswahl der Instrumente orientierte sich an den Stärken von Vera.

Als Instrument Nummer eins wählten wir das **Persönlichkeitsmodell nach Fritz Riemann** (vgl. Kapitel, »Persönlichkeitsmodelle«)**:** Mit seiner schematische Darstellung der menschlichen Grundtypen eignete sich das Modell nicht nur hervorragend zur Erforschung von Motiven und Bedürfnissen von Menschen, sondern passte auch gut zu Veras analytischen Fähigkeiten. Aus der Distanz des Beobachters heraus fiel es ihr leichter, die vorliegende Situation neutral zu betrachten, die beiden Konfliktparteien einem bestimmten (Persönlichkeits-)Typ zuzuordnen und daraus relevante Informationen wertfrei abzuleiten. Schnell stand fest: Formell gesehen handelte es sich bei den genannten Individuen um zwei »Arten innerhalb einer Gattung« – den zum kreativen Chaos neigenden Wechsel-Typen und den ordnungs- und sicherheitsliebenden Dauer-Menschen. Während der eine seine Genialität nur bei freier Gestaltung von Ablauf und Zeit entfaltet, benötigt der andere das genaue Gegenteil: eine klare Struktur und fixe Termine. Prallen diese Gegensätze aufeinander, kommt es zu Reibungen oder handfesten Konflikten. Dies umso mehr, wenn keine Differenzierung zwischen Person und Verhalten stattfindet und wenn bei dem Versuch, seinen Standpunkt in den Vordergrund zu schieben, der des anderen abgewertet wird, wie es im vorliegenden Fall passiert war.

Zu erkennen, dass es sich bei ihrem Kollegen Peter keineswegs um einen Schwerverbrecher oder Bösewicht handelte, sondern um einen ganz normalen Menschen, der seinen Bedürfnissen nachkam, sich dabei bisweilen gedankenlos oder vielleicht sogar egoistisch verhielt (so wie Vera selbst es auch tat), war ein wichtiger Teil ihres Selbstreflexionsprozesses.

Für Instrument Nummer zwei widmeten wir uns den **Ich-Botschaften**. Man kann sich leicht vorstellen, dass kaum jemand kooperativ auf Beleidigungen wie »Du Messie!« oder Anschuldigungen wie »Du hast mich gekränkt!« oder »Du engst mich ein!« reagiert – vor allem dann nicht, wenn sie im erregten Tonfall vorgebracht werden. Gepaart mit Begriffen wie »immer, ständig, nie« können solche »Du-Botschaften« ganz schön verletzend wirken, da in ihnen meist ein Vorwurf, eine Abwertung oder ein Angriff mitschwingt.

Ich-Botschaften hingegen wirken deeskalierend, weil nur die eigenen Gefühle, Gedanken und Bedürfnisse ausgedrückt werden, ohne dem Empfänger dafür die Verantwortung zuzuschieben. Sätze wie »Für mich hörte sich die Bemerkung wie eine Beleidigung an« oder »Ich fühle mich von dir eingeengt« nehmen den Druck heraus. Erhält der Gesprächspartner auch noch eine Begründung für das erlebte Gefühl, wird er sich eher für eine Diskussion über den Sachverhalt öffnen. Dies jedenfalls ist die Meinung des amerikanischen Psychologen *Thomas Gordon*, der Ich-Botschaften als authentische und bewertungsfreie Selbstoffenbarungen verstand.

Als drittes Instrument gab ich meiner Klientin einen Leitfaden an die Hand, der sie sicher durch Konfliktgespräche führen sollte: die **SAG-ES-Formel.** Wie bei der Zielformulierungsformel *SMART* handelt es sich auch hierbei um ein Akronym, das heißt, jeder der fünf Buchstaben steht für einen bestimmten Begriff bzw. Schritt:

1. die eigene **S**ichtweise ansprechen,
2. die **A**uswirkungen beschreiben und
3. eigene **G**efühle verbalisieren, um das Ausmaß des Problems deutlich zu machen, dabei

4. die **E**inwände des anderen mit einbeziehen, bevor es
5. zur **S**chlussfolgerung kommt bzw. gemeinsam eine Lösung erarbeitet wird.

Derart gut ausgestattet konnte Vera mit ihrem »Experiment« starten. Den Auftakt machte eine vergleichsweise einfache und weniger kritische Situation. Ihr Nachbar hatte schon zweimal versäumt, das Treppenhaus zu reinigen, obwohl er laut Putzplan an der Reihe war. Da die beiden ein gutes Verhältnis zueinander pflegten und bei dem freundlichen alten Herrn kaum mit einer harschen Reaktion zu rechnen war, war dies die perfekte Gelegenheit, um die SAG-ES-Formel auszuprobieren. Vorbereitung, Durchführung und auch Reaktionen sollten von ihr schriftlich festgehalten werden. Der Fokus ihrer Beobachtungen lag dabei auf von außen wahrnehmbaren Merkmalen wie veränderten (Verhaltens-)Abläufen und der Anzahl der Kontaktversuche auf beiden Seiten. Anschließend reflektieren wir das Ergebnis in der darauffolgenden Sitzung und legten weitere Testobjekte fest.

Durch die methodische Herangehensweise und das sukzessive Steigern des Schwierigkeitsgrades, aber vor allem durch die Nähe zu ihrer Arbeitsroutine stellten sich schnell Erfolgserlebnisse ein, die ihr die nötige Sicherheit und den Mut gaben, sich an die eigentliche Herausforderung heranzuwagen. Als sie eines Tages während einer Mittagspause allein mit Peter im Labor war, fasste sie sich ein Herz und sprach ihn an. Sie begann mit einer Entschuldigung für ihr aufgebrachtes Verhalten und als sie merkte, dass Peter ihr zuhörte, schob sie gleich eine Erklärung hinterher. Ruhig und ohne jeglichen Vorwurf sprach sie davon, wie wichtig es ihr sei, alles an seinem richtigen Platz vorzufinden. Sie öffnete sich sogar so weit, dass sie zugab, sich beim Anblick von Durcheinander nicht auf die Arbeit konzentrieren zu können, geschweige denn, sich wohlzufühlen. Die ständige Sucherei gehe ihr buchstäblich an die Substanz – unabhängig davon, wer dafür verantwortlich sei. Diese Erklärung zeigte Peter, dass es sich bei Veras »verbaler Entgleisung« vor einigen Wochen weniger um den Ausdruck einer persönlichen Abneigung gehandelt hatte als vielmehr um den verzweifelten Versuch, auf ihre inneren Nöte aufmerksam zu machen. Vera wiederum erfuhr, dass der Senior im Team es bislang gewohnt war, alleine zu arbeiten, und sich mit den veränderten Rahmenbedingungen unerwartet schwertat. Offen gab er zu, mit dem hohen Tempo, das ihm hier abverlangt wurde, überfordert zu sein, weswegen er nicht mit dem Aufräumen hinterherkam. Nachdem Peter aber verstanden hatte, wie wichtig ein aufgeräumtes Umfeld für seine Kollegin war, versprach er, künftig wenigstens die gemeinsame Arbeitsfläche frei zu halten. Im Gegenzug wollte Vera ihm zur Hand gehen, wenn sie mitbekam, dass er sich im Stress befand.

Mit diesem Ergebnis konnten wir das Experiment als gelungen bezeichnen. Ordnung und Frieden waren wiederhergestellt.

### 3. Mut und Entschlossenheit: das perfekte Ensemble

Der Bibliothekar Ben wollte sich als freier Autor selbstständig machen, traute sich aber nicht. In seiner Freizeit schrieb er Bühnenstücke, die er regelmäßig bei kleineren Verlagen veröffentlichte. Ein paar davon kamen zur Aufführung, was dem Autodidakten schon gute Kritiken beschert hatte. Aktuell arbeitete Ben an einer kleinen Schauspielinszenierung. Sein erster nebenberuflicher Auftrag brachte zwar finanziell nur wenig ein, machte ihm aber viel Spaß und erfüllte ihn mit Stolz. Was ihn davon abhielt, sich als Autor selbstständig zu machen, war nicht nur sein Umfeld, das ihn für verrückt hielt, seine gesicherte Beamtenstelle für ein Hobby aufzugeben, sondern auch sein Glaubenssatz, dass die Schriftstellerei nur brotlose Kunst sei. Aus Angst zu scheitern, klammerte sich Ben an seine Festanstellung bei der Stadtbibliothek und lebte seine Leidenschaft hauptsächlich in der Freizeit aus.

Dennoch wuchs seine Unzufriedenheit im Job zunehmend und damit auch der innere Druck, etwas in seinem Leben verändern zu wollen. Also holte der 45-Jährige seine unterdrückten Sehnsüchte wieder aus ihrem Versteck, um endlich herauszufinden, ob sie für die Realität taugten. Mit anderen Worten: Er stand vor der Entscheidung, entweder in wohliger Sicherheit seine Unzufriedenheit zu kultivieren oder für Erfolg und Selbstverwirklichung etwas zu riskieren. Bens Anliegen lautete demnach, zu einer inneren Stimmigkeit zu gelangen und eine Entscheidung zu treffen. Von den Voraussetzungen her stand einem Berufswechsel nichts im Wege. Mit seinem Germanistikstudium und den guten Kontakten zur Theaterbranche hatte er für optimale Bedingungen gesorgt. Auch was seine Fähigkeiten betraf, besaß er alles, was ein freiberuflicher Schriftsteller benötigte: Kreativität,

Fantasie, visionäres Denken und Disziplin. Dennoch fühlte er sich innerlich zerrissen. Sobald er sich gedanklich mit dem Vorhaben beschäftigte, tauchten immer wieder Stimmen in ihm auf, die dagegen argumentierten. Dabei litt Ben nicht etwa an einer multiplen Persönlichkeitsstörung.

Jeder Mensch hat mehrere Persönlichkeitsanteile, die bestimmte Rollen, Erfahrungen und Anschauungen repräsentieren. Diese inneren »Teilpersönlichkeiten« sind wie in einem Team organisiert. Sie diskutieren untereinander ihre Standpunkte mit dem Ziel, sich durchzusetzen, wobei jedes Mitglied seine ganz individuelle Art hat, sich auszudrücken. Einige sind laut und dominant, andere leise und schüchtern. Es gibt beliebte und weniger beliebte Anteile, sogar unterdrückte, die eher im Hintergrund wirken und für unkontrolliertes Handeln und Erleben verantwortlich sind, wenn etwa »Trigger« negative Erfahrungen wieder aktivieren. Jeder von ihnen hat seine Berechtigung und möchte die volle Aufmerksamkeit. Die einen kooperieren, während die anderen in Konkurrenz zueinander stehen. Das ist mit ein Grund dafür, warum Menschen manchmal etwas tun, was sie eigentlich gar nicht tun wollen, oder etwas sagen, was sie später bereuen. Am deutlichsten können wir unsere verschiedenen Persönlichkeitsanteile in Situationen wahrzunehmen, in denen wir zweifeln, zögern oder ambivalent sind. Dann kann es sein, dass nicht der »Teamchef« auf dem Regiestuhl sitzt, sondern eine Teilpersönlichkeit das Kommando übernommen hat. Wenn wir beispielsweise zum x-ten Mal einen Text überarbeiten, weil unser innerer »Perfektionist« darauf besteht, oder wir eine Entscheidung ewig hinauszögern, nur weil der »Bedenkenträger« in uns sich mal wieder querstellt. Stehen sich die Mitglieder unseres inneren Teams gegenseitig im Wege, hilft eine innere Distanzierung. Indem man sich den inneren Dialog bewusst macht und alle Parteien zu Wort kommen lässt, kann aus dem zerstrittenen Haufen tatsächlich ein homogenes Team werden.

Die Vorgehensweise im Coaching ist dabei wie folgt: Zuerst werden die relevanten Anteile identifiziert (maximal fünf bis sechs) und mit einem Namen versehen. Dann werden die Anteile in akzeptierender und wertschätzender Weise beschrieben und anschließend mithilfe von Karteikarten im Raum passend positioniert. Der Klient identifiziert sich nacheinander mit jedem sei-ner Anteile, indem er deren Standpunkte vertritt. Der Coach exploriert diese Persönlichkeitsanteile, indem er unter anderem nach den positiven Absichten fragt, die jeder von ihnen hat – selbst die Bremser und Verhinderer. Die Aufgabe lautet schließlich, die negativen Stimmen nicht mundtot zu machen, sondern sie zu überzeugen. Nur so kann ein gutes Ergebnis zustande kommen.

Gemäß dem von Kommunikationstrainer *Friedemann Schultz von Thun* entwickelten Tool stellten wir das **Innere Team** von Ben auf. Wir wollten herausfinden, was er brauchte, um mit der Schriftstellerei als Haupterwerb einverstanden zu sein. Denn nur wenn der Bibliothekar mit sich selbst im Reinen war, konnte er eine klare und authentische Entscheidung treffen. Aufgrund seiner Affinität zum Theater bot es sich an, sich sein Inneres Team als Theater-Ensemble vorzustellen.

Zuerst zeichnete Ben eine Person mit Kopf und einem großen Bauch aufs Flipchart, die ihn selbst als den Regisseur (Teamleiter) symbolisieren sollte. Dann fragte ich ihn, welche Aussagen ihm in den Sinn kämen, wenn er über seine berufliche Veränderung nachdachte. Auf der leeren Fläche, die den Bauch darstellen sollte, notierte er Sätze wie: »Dann kannst du dich endlich frei entfalten!« über »Warum sich mehr Stress machen als nötig!« bis hin zur kompletten Ablehnung des Vorhabens mit den Worten: »Niemand gibt seinen sicheren Job für ein Hobby auf!«. Manche Mitglieder seines inneren Teams sprachen ihm sogar jegliche Befähigung ab. Je länger er in sich hineinhorchte, desto mehr Stimmen kristallisierten sich heraus. Es dauerte eine Weile, bis alle »Darsteller« im Bauch Platz genommen und einen passenden Namen erhalten hatten. Ben verteilte anschließend Haupt- und Nebenrollen, benannte aktive und passive Figuren, die auf und hinter der Bühne agierten oder als Souffleuse unterhalb der Rampe im Bühnenboden. Neben dem **Zweifler** gehörten der **Sicherheitsbeauftragte** und der **Bequeme** zum Ensemble. Ihnen standen einige wenige Befürworter gegenüber. Zum Schluss waren alle Rollen besetzt.

Ich bat Ben, die sechs wichtigsten Teammitglieder auf Karteikarten zu schreiben und so auf dem Boden zu platzieren, dass die lautesten ihm am nächsten waren, wenn er vor dem Team stand. Nach ganz vorne legte er den **Kritiker,** den **Kreativen** und den **Sicherheitsbeauftragten.** Weiter hinten lagen der **Bequeme,** der **Realist** und der

**Visionär.** Nachdem alle Teammitglieder auf ihrer Position waren, konnten die Verhandlungen der Teammitglieder untereinander beginnen. »Vorhang auf« für das Bühnenstück: Selbstständigkeit versus Festanstellung.

Nacheinander stellte Ben sich auf die Karten. Während er sich Rolle für Rolle vornahm und die Argumente der jeweiligen Mitglieder vorbrachte, stellte ich vertiefende Fragen. So erfuhren wir, wann im Leben die einzelnen Anteile entstanden und was deren damalige Funktionen waren. In einigen Rollen fühlte Ben sich stark und selbstbewusst, in anderen eher schwach und unsicher.

Durch den offenen Dialog wurde deutlich, dass der innere Kritiker die Führung übernommen hatte. Diktatorisch unterdrückte er alle anderen Anteile, die für das Vorhaben plädierten. Jeder mutige Impuls wurde dadurch bereits im Keim erstickt und als zu riskant verworfen. Der Kreative war längst eingeknickt und der Visionär hatte sich fast komplett verabschiedet. Nicht nur, dass Ben so keine Entscheidung treffen konnte – durch diese negative Haltung würde er ohnehin jeden Erfolg von sich fernhalten und das Scheitern buchstäblich herbeireden. Bei der Gelegenheit erkannte er auch, dass insbesondere die Anteile, die ihm nichts zutrauten, zum Großteil introjiziert waren, er also diese Meinungen von außen in seine eigene Sichtweise übernommen hatte. Er nahm wahr, wie manche konstruktiv diskutierten und wichtige Argumente vorbrachten, während andere nur schlechte Stimmung verbreiteten. Die größte Überraschung für ihn aber war zu erkennen, wie gut es alle seine Anteile eigentlich mit ihm meinten. Egal, welchen Standpunkt sie vertraten, alle wollten nur sein Bestes.

Nachdem der Kritiker und der Visionär miteinander versöhnt waren, fand der Anteil des Realisten einen ausgewogenen Lösungsweg. Dieser sah wie folgt aus: Ben sollte seinen Ausstieg aus der Beamtenlaufbahn vorbereiten, indem er die Stundenzahl in der Bibliothek sukzessive reduzierte und nebenberuflich auf Honorarbasis für das Stadttheater als Autor arbeitete. Dort würde er Gelegenheit haben, weitere Kontakte zu potenziellen Auftraggebern zu knüpfen. Auf diese Weise konnten auch die besorgten Anteile in ihm den Weg befürworten.

Diese innere Verbundenheit mobilisierte in Ben eine starke Kraft und es entstand eine Woge der Begeisterung und Zuversicht. Mit den ersten bezahlten Aufträgen in der Tasche fuhr der Bibliothekar seine Arbeitszeit so weit runter, bis der vermeintlich große Sprung in die Selbstständigkeit letztendlich nur ein kleiner Schritt war. Geriet das Innere Team durch irgendetwas doch noch mal in »Aufruhr«, wurde einfach wieder eine Konferenz gehalten. Insgesamt zogen sich aber die kritischen Stimmen zurück. Ein halbes Jahr später reichte mein Klient die Kündigung ein. Heute lese ich seinen Namen immer öfter in der Presse und bekomme ab und zu Premierenkarten zugeschickt.

**Zwischenfazit:** Generell führen viele Wege nach Rom – auch im Coaching. Suchen Sie sich einen Weg aus, der Ihrem »Typ« entspricht, und achten Sie auf Ihr eigenes Tempo. Der Mutige wird offensiv, der Vorsichtige eher defensiv vorgehen, der Ungeduldige schnell, der Bedächtige langsam. Der eine braucht die Herausforderung, während sich der andere mehr Unterstützung wünscht. Dabei unterscheiden sich Menschen mit hohen Vorgaben von denen mit niedrigeren nicht so sehr dadurch, dass ihnen die Grundvoraussetzungen fehlen, sondern im Grad der (Selbst-)Sicherheit, die vorhandenen Fähigkeiten auch anzuwenden.

All diese Faktoren sollten Sie in Ihrem Aktionsplan berücksichtigen. Es gibt kein Patentrezept! Die Wahl der Mittel richtet sich immer nach dem Ziel und den zur Verfügung stehenden Ressourcen. Dabei sind Sie selbst, als Experte Ihres Problems, stets am Prozess der Ideenfindung beteiligt – auch im professionellen Setting.

### 7.4.3. Aktionsplan erstellen

Zur Strategieentwicklung gehört neben der Lösungsfindung auch die Planung der einzelnen Schritte bis zur Zielerreichung. Ein Aktionsplan ist eine Art To-do-Liste, die festlegt, welche Maßnahmen wann, in welcher Reihenfolge, mit welchem Aufwand, von wem, bis wann und unter welchen Prämissen ausgeführt werden. Wer weiß, wie er was erreichen kann, dem bereitet es erfahrungsgemäß keine Schwierigkeiten, die notwendigen Arbeitsschritte festzulegen und in eine sinnvolle Abfolge zu bringen. Entscheidend bei der Arbeit mit Zielen ist es immer, die Dinge aufzuschreiben. Dadurch bekommen sie ein ganz anderes Gewicht als nur Gedanken, die einem mal so eben in den Sinn kommen. Ein klassischer Aktionsplan wird in einer einfachen Tabelle erstellt, die alle geplanten Maßnahmen übersichtlich darstellt. Neben den Zielen und Zwischenzielen beinhaltet er zudem Zuständigkeiten (wer ist für was zuständig?), Beteiligte (Personen, die – außer Ihnen – zur Durchführung benötig werden) und den Endtermin. Nicht terminierte Maßnahmen laufen erfahrungsgemäß häufig ins Leere und führen zu nichts.

Inhaltlich müssen Sie den Aktionsplan Ihrer individuellen Situation anpassen. Aber wenn wir beim Beispiel der Umsatzsteigerung um 20 Prozent (vgl. Kapitel »Kopfstandmethode«) bleiben, würde sich etwa folgender Aktionsplan ergeben:

- **Informationen sammeln:** Zunächst heißt es, sich einen Überblick zu verschaffen, welche Konkurrenzprodukte es auf dem Markt gibt. Danach fragen Sie sich, wie sich Ihr Produkt von denen anderer Anbieter unterscheidet. Ein Alleinstellungsmerkmal bringt Vorteile gegenüber der Konkurrenz. Kalkulieren Sie, wie viel Skonto oder Rabatt Sie auf Ihr Produkt geben können, ohne die Gewinnmarge aus den Augen zu verlieren. Schließlich wollen Sie den Umsatz steigern und sich nicht ruinieren!

- **Zielgruppe ermitteln:** Die beste Verkaufsstrategie ist die gezielte Ansprache des Personenkreises, der sich für Ihr Produkt interessiert bzw. über den Einkauf entscheidet. Stellen Sie sich also die Frage: Wer kauft oder nutzt mein Produkt? Wer sind meine Stammkunden, also Personen oder Firmen, die mein Geschäft regelmäßig frequentieren oder Ware bestellen? Schreiben Sie alle potenziellen Kundengruppen auf, die Ihnen einfallen. Diese Liste ergänzen Sie um Ihre Wunsch-Zielgruppen, die bisher noch nicht so stark vertreten waren und die Sie als Kunden gewinnen möchten. Stehen die Zielgruppen fest, müssen nur noch Firmenadressen, Telefonnummern und Ansprechpartner recherchiert werden.

- **Akquise-Story zurechtlegen:** Um an der Zentrale oder der Assistenz des Chefs vorbeizukommen, die gut darin geschult sind, Vertreter freundlich, aber bestimmt abzuwimmeln, muss man sich etwas Besonderes einfallen lassen. Und auch wenn man sich bis zum Entscheider durchkämpfen konnte, kommt es auf die richtige Ansprache an. Legen Sie sich dazu eine Akquise-Story zurecht – nichts Auswendiggelerntes, was Sie runterleiern, sondern einen roten Faden, vielleicht auch eine kleine Geschichte, mit der Sie Ihren Wunschkunden emotional abholen und neugierig machen. Überlegen Sie sich auch schon im Vorfeld ein paar Gegenargumente zu den Standardabsagen. Bei täglich zehn und mehr Anrufen dieser Art ist es von Ihrem Gesprächspartner oft reiner Selbstschutz, pauschal erst einmal alles und jeden abzublocken.

Wenn Sie jetzt noch festlegen, was Sie wann erledigen wollen und eventuell Beteiligte darüber informieren, dass ihre Mitarbeit in naher Zukunft benötigt wird, kann die Umsetzung beginnen.

**Abb. 27:** TWOS-Masterplan® – Stufe 5

## 7.5 Stufe 5: Maßnahmen umsetzen

Nachdem Mittel (Tools) und Wege (Maßnahmen) feststehen und auch potenzielle Hemmnisse vorsorglich eliminiert wurden, kann es losgehen. Sofortiges Umsetzen ohne vorherige Diskussionen ist mit die effektivste Methode, um sein Ziel zu erreichen. Nur wer umsetzt, hat auch Erfolgserlebnisse. Wie das Wort schon sagt: Eine Sache ist *er-folgt.*

Am besten erproben Sie Ihr neues Verhalten erst einmal in unkritischen Situationen oder an weniger anspruchsvollen Personen. Wer das Klettern erlernt, besteigt auch nicht gleich den Mount Everest. Gehen Sie die Aufgabe in kleinen Schritten an, um so die Erfolgschancen zu erhöhen. Umfangreiche Aufgaben wirken häufig schon alleine durch ihre Größe abschreckend. Teilt man diese auf, können sie viel leichter bewältigt werden.

Passen Sie die Schrittgröße Ihren Möglichkeiten an und haben Sie etwas Geduld. Die Etablierung von Neuerungen benötigt Zeit. Was sich über viele Jahr(zehnt)e eingeschliffen hat, lässt sich nicht im Handumdrehen ändern. Laut der Psychologin *Phillippa Lally* vom University College in London dauert es durchschnittlich 66 Tage vom bewussten Ausführen einer Tätigkeit bis zur automatisierten Gewohnheit. Bei komplexeren Vorgängen erhöht sich der zeitliche Aufwand um das Anderthalbfache. Dies ist im Verhältnis zu den vielen Jahren, in denen sich das alte Verhalten eingeprägt hat, aber eher gering.

»Eine Reise von tausend Meilen beginnt mit einem einzigen ersten Schritt.« Laotse

Richten Sie sich mental auf Erfolg aus! Mit Gedanken an ein eventuelles Scheitern vergeuden Sie nur wertvolle Ressourcen, wie auch andere Verzögerungstaktiken in der Regel nach hinten losgehen. Die Energie, die man aufbringen muss, um sich vor etwas zu drücken, ist ungleich größer als die Energie, die man braucht, um etwas umzusetzen. Denn Letztere hat wenigstens einen zeitlichen Rahmen, während die Aufschieberitis, wenn auch nicht unbegrenzt, ohne konkretes Ende ist. Hinzu kommen die Selbstvorwürfe, die nicht nur zusätzlich Energie kosten, sondern auch am Selbstbewusstseins kratzen. Niemand erwartet, dass Sie sich mit überbordender Freude ans Werk begeben. Mehr (Eigen-)Motivation bedeutet, mehr Elan zu haben, die Dinge zu tun, die getan werden müssen, aber nicht, sie mehr zu lieben. Aber mit zunehmender Übung wird es leichter. Also, fangen Sie an und halten Sie unbedingt durch! Denn auch wenn sich eine gelegentliche Auszeit wenig auf den Lernprozess auswirkt, empfiehlt es sich, täglich dranzubleiben. Täglich eine Übungseinheit genügt meistens schon: »*One apple a day keeps the doctor away.*« Ein Apfel am Tag hält uns gesund, nicht sieben an einem. Erhöhen Sie statt der Taktfrequenz lieber den Schwierigkeitsgrad und wachsen Sie mit Ihren Herausforderungen.

Um Ihre Fortschritte nicht nur sichtbar, sondern auch messbar zu machen, sollten Sie sämtliche Erfahrungen und Beobachtungen in Ihrem »Reisetagebuch« dokumentieren. Meine Klienten erhalten zu diesem Zweck Arbeitsbücher, in die sie sich Notizen aus den Sitzungen machen und die Ergebnisse aus dem Praxistransfer festhalten. Dies hilft ihnen zu reflektieren und zu entscheiden, ob die Maßnahmen gegebenenfalls noch einmal feinjustiert werden müssen.

Die Verantwortung für die Umsetzung liegt immer bei Ihnen selbst. Die wichtigsten Voraussetzungen für Ihren Erfolg schaffen Sie, indem Sie fest an sich selbst und Ihren Erfolg glauben, sich immer wieder selbst motivieren, bei Bedarf Unterstützung suchen und vor allem Durchhaltevermögen zeigen.

### *7.5.1 Glauben Sie an sich*

Ob und wie erfolgreich jemand etwas umsetzt, hängt nicht nur von seinen Kompetenzen ab, sondern insbesondere auch von seinem Vertrauen in diese und der Überzeugung, auf das Ergebnis Einfluss zu haben. Es ist immer und vor allem die innere Einstellung, die über Erfolg und Misserfolg bestimmt.

Das bestätigt auch ein interessantes Experiment des spanischen Neurowissenschaftlers *Alvaro Pascual-Leone* aus dem Jahr 1994. Er wollte beweisen, dass Gedanken in der Lage sind, die physische Struktur des Gehirns zu verändern. Dazu bildete er zwei Testgruppen mit Teilnehmern, die noch nie in ihrem Leben Klavier gespielt hatten, und fertigte von ihnen Gehirnaufzeichnungen an. Anschließend brachte er allen eine Tonfolge bei, indem er ihnen zeigte, welche Tasten sie auf einem Klavier zu drücken hatten. In den folgenden fünf Tagen musste die erste Testgruppe täglich zwei Stunden vor einem Klavier sitzen und sich lediglich vorstellen, welche Tasten sie zum Spielen der Tonfolge drücken muss. Die zweite hingegen spielte parallel dazu real auf dem Klavier. Am Ende des Tests wurden erneut Aufzeichnungen der Gehirne gemacht. Dabei stellte sich heraus, dass sich die Gehirne beider Lerngruppen auf ähnliche Weise verändert hatten. Es schien, als hätte die rein mentale Übung die gleiche oder zumindest eine ähnliche physische Wirkung wie das praktische Tun. Diese Erkenntnis machen sich heute vor allem Sportler zunutze. Rennfahrer beispielsweise gehen vor Wettkämpfen jede einzelne Kurve des Parcours im Geiste durch. Wenn der Startschuss fällt, sind sie mit der Strecke genauso vertraut, als wären sie diese tatsächlich gefahren.

Das mentale Training gibt nicht nur Sicherheit, sondern fördert auch das Selbstvertrauen. Je öfter man eine Situation gedanklich durchspielt und aufmunternde Selbstgespräche führt, umso mehr wachsen das Zutrauen in die eigenen Fähigkeiten und der Glaube an den Erfolg. *W. Clement Stone* sagte dazu: *»Alles, was der Geist ersinnen kann, kann er auch erreichen.«*

Wenn Sie etwas nicht schaffen, obwohl Sie eigentlich die Voraussetzungen dafür erfüllen, dann möglicherweise deswegen, weil Sie sich einreden, es nicht schaffen zu können. Indem Sie negativ oder pessimistisch über sich denken oder sich ein unangenehmes Ereignis ins Gedächtnis rufen, halten Sie die Erinnerung und die damit verbundenen negativen Gefühle wach. Ihr Gehirn verarbeitet diese Versagensgedanken so, als wären Sie tatsächlich nicht in der Lage, Ihr Vorhaben erfolgreich durchzuführen. Wir sprechen in solchen Fällen auch von einer sich selbst erfüllenden Prophezeiung (engl. self-fulfilling prophecy).

Um die enorme Kraft Ihrer Gedanken bewusst zu erleben, führen Sie doch einmal folgende Übung durch:

1. Stellen Sie sich vor, Sie halten eine Zitrone in der rechten Hand. Sie ist gelb und sehr saftig.

2. Sie führen diese saftige Zitrone zur Nase und schnuppern daran. Durch die Schale hindurch dringt der säuerliche Geruch.

3. In Ihrer Vorstellung schneiden Sie die Zitrone in zwei Hälften. Sie sehen vor Ihrem geistigen Auge, wie der Zitronensaft herausquillt, nehmen eine der beiden Hälften in die Hand und riechen wieder daran.

4. Das Säuerliche steigt Ihnen jetzt noch viel intensiver in die Nase.

5. Und nun beißen Sie gedanklich herzhaft in die Zitrone!

Zwei Dinge dürften passiert sein: Erstens haben Sie das Gesicht verzogen und zweitens vermehrt Speichel produziert. Das zeigt, dass unser Gehirn nicht nur auf reale Dinge reagieren kann, sondern auch auf vorgestellte. Man kann sagen: Unser Gehirn arbeitet zwar zuverlässig, aber eben auch stumpf wie ein Computer. Es reagiert auf die Informationen, die wir ihm geben. Informatiker nennen das: *»Garbage in – Garbage out!«*, was so viel heißt wie: Wird ein Rechner mit (Daten-)Müll gespeist, produziert er auch nur diesen. Füttern Sie Ihr Gehirn deshalb unbedingt mit positiven Gedanken! Da es nicht beurteilen kann, ob Sie über die erforderlichen Fähigkeiten verfügen, müssen Sie ihm dies gewissermaßen »mitteilen«, indem Sie ihm sagen: *»Ich schaffe es!«*

Wenn Sie auf eine Beförderung hinarbeiten, lassen Sie keinen Zweifel daran, dass Sie dafür geeignet sind. Sagen Sie zu sich selbst: »Ich bringe alle Voraussetzungen mit, um der neuen Herausforderung gewachsen zu sein, und gebe mein Bestes, um die an mich gestellten Erwartungen zu erfüllen. Fehlendes Wissen kann ich mir aneignen, Neues lernen.«

Worte alleine führen zwar den Erfolg nicht herbei, doch unsere Sprache prägt unsere Wahrnehmung. Machen Sie sich deshalb Ihre inneren Dialoge bewusst. Streichen Sie Worte wie »könnte«, »vielleicht«, »eigentlich«, »theoretisch« und viele andere eher mit Zweifel und Unsicherheit assoziierte Begriffe. Einmal verwendet stellen sie zwar kein Problem dar, bei täglicher Wiederholung programmieren Sie sich damit jedoch auf das eigene Scheitern.

Es reicht auch nicht, negative Gedanken zu unterdrücken. Wissenschaftliche Untersuchungen zeigen: Je angestrengter wir versuchen, einen Gedanken zu vermeiden, umso aktiver bleibt dieser im Kopf. Das ist eine Folge der Logik. Oder haben Sie es schon mal geschafft, auf Kommando *nicht* an etwas Bestimmtes zu denken? Gleiches gilt für Verhaltensweisen. Der Versuch, nicht in die schlechte Angewohnheit zu verfallen, verstärkt diese eher. Denken Sie lieber in Alternativen und überlegen Sie sich, was stattdessen getan werden kann. Wenn Sie zum Beispiel versuchen, Ihr Temperament in den Griff zu bekommen, atmen Sie dreimal tief durch, sobald Sie merken, dass Wut in Ihnen hochsteigt. Indem Sie das Atmen als einen Ersatz für den emotionalen Ausbruch nutzen, wird diese schlechte Angewohnheit mit der Zeit schwächer werden und im Idealfall ganz verschwinden.

*Umgeben Sie sich mit Menschen, die an Sie und Ihre Fähigkeiten glauben.*

## 7.5.2 Holen Sie sich Unterstützung

Bekommen wir Zuspruch von anderen, trauen wir uns mehr zu und sind eher geneigt, an den Erfolg zu glauben. Sobald uns jemand den Rücken stärkt, sind wir auch deutlich risikobereiter. Sicher kennen Sie jemanden in Ihrem Bekanntenkreis, der Sie in Ihrem Bestreben, etwas Wichtiges anzugehen, unterstützt – und sei es, dass er Sie wohlwollend daran erinnert, welche Aufgaben Sie auf dem Weg zum Ziel erledigen wollten.

**Fallbeispiel:** Leider funktioniert dieser Mechanismus auch in umgekehrter Richtung. Den Projektmanager Carsten hätte die negative Haltung seines Umfeldes beinahe eine Karrierechance gekostet. Der 36-jährige Diplom-Ingenieur arbeitete seit acht Jahren bei einem mittelständischen Elektronikunternehmen. Aufgrund einiger innovativer Ideen und vieler erfolgreich abgeschlossener Projekte genoss er ein hohes Ansehen in der Firma. Eines Tages bat ihn sein Vorgesetzter ins Büro. Es hieß, die Firma wolle auf dem asiatischen Markt expandieren und Carsten solle ein Jahr ins Ausland gehen, um vor Ort ein Team von Spezialisten zusammenzustellen, mit dem er das Rollout (Einführung eines Produktes auf dem Markt) eigenverantwortlich durchführen könnte. Carsten war sofort klar, dass dies den Durchbruch für seine Karriere bedeuten konnte, er zögerte aber, weil ihm Erfahrungswerte mit vergleichbaren Projekten fehlten. Auch seine Kollegen warnten ihn vor den möglichen Risiken und erzählten von einem Mitarbeiter, den man auf ein ähnliches »Himmelfahrtskommando« geschickt hatte und der danach angeblich kein Bein mehr auf den Boden bekommen hätte. Schlussendlich fürchtete auch seine Frau, im Fall eines Scheiterns die Raten für das gerade erst bezogene Einfamilienhaus nicht mehr zahlen zu können und dann womöglich auf der Straße zu stehen. Vor dem Hintergrund dieser unterschiedlichen Meinungen drehte und wendete Carsten das Jobangebot so lange, bis ihm immer mehr Negativpunkte auffielen.

Da sich bislang noch jede seiner beruflichen Entscheidungen als richtig erwiesen hatte, stellte sich die Frage, warum er diesmal zweifelte. Carsten erzählte davon, dass sein Mentor, der ihm jahrelang in allen beruflichen Angelegenheiten unterstützend zur Seite gestanden hatte, sich inzwischen im Ruhestand befand. Zudem sei seine Frau seit der Geburt der beiden Kinder in allem sehr vorsichtig geworden. Als Dreizehnjährige hatte sie miterleben müssen, wie ihre Familie aufgrund einer privaten Insolvenz auseinandergefallen war. Nicht nur, dass sie aus dem großen Einfamilienhaus, in dem sie geboren worden war, in eine Sozialwohnung ziehen mussten – ihre Eltern hatten sich auch kurz darauf getrennt. Carstens langjährige Freunde wiederum hatten ihre großen Ziele und Visionen aus Studentenzeiten gegen öde Nine-to-five-Jobs ausgetauscht. Vermutlich würde der berufliche Aufstieg ihres alten Kommilitonen ihnen die eigene Stagnation vor Augen halten. Ähnliches galt für die Kollegen im Job, die zudem Konkurrenz witterten.

Sicherlich riet ihm niemand aus seinem Umfeld in böser Absicht von diesem beruflichen Abenteuer ab. Das Problem ist nur, dass wir im Umgang mit vorsichtigen Menschen Gefahr laufen, selbst vorsichtig zu werden. Dies gilt umso mehr für Menschen, die wenig in sich gefestigt sind. Selbstzweifel können vielleicht von außen angestiftet werden, grundsätzlich entstehen sie aber in einem selbst. Offensichtlich hatten Ehefrau, Freunde und Kollegen bei Carsten mit ihren Bedenken eine Art »Knopf« gedrückt, der ihn plötzlich so unsicher werden ließ. Durch das Coaching erhoffte er sich eine innere Klärung.

Die Wende kam mit der Erkenntnis, selbst bestimmen zu können, mit wem er Kontakt haben wollte oder welchen Einfluss er anderen auf sich zugestand. Daraus ergaben sich folgende Maßnahmen: Bis zur Entscheidung würde der Manager sich bewusst mit solchen Personen umgeben, die dem Projekt positiv gegenüberstanden und an ihn glaubten. Dafür musste er nicht gleich seine Familie verlassen oder den gesamten Freundeskreis austauschen, es reichte, zusätzlich neue Menschen in sein Leben zu lassen. Dazu gehörte auch, seinen früheren Mentor anzurufen und sich dort mentale Unterstützung zu holen.

Zwei Wochen später hatte mein Klient seine Entscheidung getroffen und das Jobangebot angenommen. Er erzählte mir, dass seine Frau zwar immer noch skeptisch sei, ihm aber zu Hause den Rücken freihalte. Außerdem habe er Kontakt mit anderen Projektmanagern aufgenommen, die bereits über Erfahrungen auf dem Gebiet der Produkteinführung im Ausland verfügten. Mindestens mit einem wollte er sich bald treffen. Ich war mir sicher, von dieser Begegnung würde er in jeder Hinsicht profitieren.

**Zwischenfazit:** Stärken Sie Ihren Glauben an die eigenen Kompetenzen! Mentale Stärke gepaart mit Disziplin und Fleiß sind Garanten für das Erreichen von Zielen. Steigern Sie Ihre Erfolgsaussichten, indem Sie bewusst den Kontakt zu Menschen suchen, die Sie positiv bestärken und mit denen Sie gerne zusammen sind. Menschen, die Sie ermutigen, etwas zu riskieren, und die Ihnen ihre Hilfe anbieten. Meiden Sie Besserwisser, Miesmacher und Personen, die Ihnen ohnehin nichts zutrauen. Denn solche Menschen schaffen es im Nullkommanichts, die beste Motivation zunichtezumachen.

Möglicherweise ersparen Sie sich allein damit schon die Lektüre des folgenden Kapitels über Selbstmotivation und können gleich weiterblättern zu den Tipps in Sachen Durchhaltevermögen.

»Der Geist ist willig, aber das Fleisch ist schwach.«
Matthäus 26,41

### 7.5.3 Motivieren Sie sich selbst

Wann immer wir entscheiden, uns zu verändern, erwarten wir, dass eine solche Veränderung reibungslos verläuft. Und obwohl wir genau wissen, wie wir es anstellen müssen, ist es nicht so einfach, alte Gewohnheiten abzulegen. Gewohnheiten haben die Aufgabe, unser Leben zu sichern und zu erleichtern, weswegen sie an uns haften wie Kletten. Es ist genau diese Hartnäckigkeit, die uns oft zum Verhängnis wird, wenn wir Neues ausprobieren wollen. Wie ein unsichtbares Band zieht es uns zurück, wenn das alte Gefühl danach fragt: »Meinst du das wirklich ernst?« Da reicht es nicht, wenn der Kopf weiß, was gut für uns wäre.

Motivationsexperte *Stefan Frädrich* hat dem »Saboteur« in uns den Namen *Günter* gegeben – dargestellt als knuffiger Vierbeiner mit nur allzu menschlichen Charaktereigenschaften steht uns der innere Schweinehund oft im Wege. Wenn es nach ihm ginge, würden wir den lieben langen Tag auf der faulen Haut liegen und jede Form von Anstrengung oder Veränderung vermeiden. Günter liebt es nicht nur komfortabel – er *ist* die personifizierte Komfortzone, weswegen man ihn nur schwer loswird. Hat er erst einmal das Kommando übernommen, steht es schlecht um unser Vorhaben.

**Fallbeispiel:** Bei einem nachbarschaftlichen Besuch erzählte mir Monika, dass sie sich um ihren Sohn Jonas sorge, der sein Studium schleifen ließe und stattdessen in den Tag hineinlebe. Es käme zwar durchaus vor, dass er Vorlesungen besuche, aber es mangele ihm an Kontinuität. Sie habe alles versucht, um ihn zur Vernunft zu bringen, mit dem Ergebnis, dass der ohnehin schon introvertierte junge Mann sich komplett zurückgezogen hat. Mittlerweile käme Jonas nur noch zum Wäschewechseln nach Hause. Bevor die alleinerziehende Mutter aber zum Äußersten greifen und ihren Filius rausschmeißen wolle, bat sie mich, einmal mit ihm zu sprechen.

Ein paar Tage später saß mir der vermeintliche Faulpelz gegenüber und erzählte bereitwillig von seinen Schwierigkeiten an der Uni. Ich erfuhr, dass er zu Beginn seines BWL-Studiums vor drei Jahren noch meinte, im Sinne des Pareto-Prinzips mit 20 Prozent des Zeitaufwandes 80 Prozent des Lernstoffes zu schaffen. Ergo könne er ausschlafen, mit Freunden abhängen und auch sonst das Studentenleben in vollen Zügen genießen. Als sich zwei Semester später herausstellte, dass seine Rechnung nicht aufging, war der Wissensvorsprung der Kommilitonen bereits gewaltig. Doch statt Versäumtes nachzuholen, steckte der 23-Jährige seine ganze Energie in Dinge, die ihm lohnender erschienen. Nachts legte er Musik in einer Diskothek auf und tagsüber gab er an drei Nachmittagen in der Woche Gitarrenunterricht für Anfänger, um sein Bafög aufzustocken. Zwar nahm er sich regelmäßig vor, etwas fürs Studium zu tun, aber ebenso regelmäßig kam ihm etwas Wichtigeres dazwischen. Günter, dieser »Schweinehund«, hatte den Studenten also fest im Griff. Bei den letzten drei Klausuren war er deshalb mit Pauken und Trompeten durchgefallen, wovon seine Mutter noch gar nichts wusste. Damit steuerte Jonas geradewegs der Zwangsexmatrikulation entgegen.

Die schlechte Angewohnheit, wichtige Aufgaben aufzuschieben und stattdessen Ablenkungen zu suchen, trägt seit den 80er-Jahren den Namen »Aufschieberitis« oder in Fachkreisen »Prokrastination«. Zu einem der berühmtesten Prokrastinierer zählte *Thomas Mann*. Der Schriftsteller saß allenfalls bis mittags diszipliniert an seinem Schreibtisch. Die zweite Hälfte des Tages beantwortete er Briefe, führte Telefonate, trank Tee mit der Familie oder legte ein Nickerchen ein. Auch wenn bei mir das Mittagsschläfchen wegfällt, kann ich Mann nur allzu gut verstehen. Dieses Buch wäre vermutlich nie fertig geworden, hätte ich meinen Tagesablauf nicht irgendwann umgestellt. Im Wissen, dass ich morgens am kreativsten bin und nachmittags noch maximal Recherchen im Internet drin sind, stand ich über Monate hinweg regelmäßig um 5:30 Uhr auf und setzte mich vor meinem eigentlichen Tagewerk an das Manuskript zu diesem Buch. Ist mein Tag straff durchstrukturiert, reicht meine Energie bis tief die Nacht, falls nicht, beginnt ab 14 Uhr die Phase höchster Prokrastination. Denn mit dem Absinken des Blutzuckerspiegels schwindet leider auch meine Disziplin. Was bis dahin nicht fertig ist, wird verschoben.

Was für den Moment *ent*lastend wirkt, stellt auf Dauer eine *Be*lastung dar. Wichtige Dinge zu verschieben heißt ja keineswegs, sie aus dem Kopf zu haben. Im Gegenteil! Im Grunde denken wir ständig an unerledigte Aufgaben und verwenden dafür mindestens genauso viel Zeit und Energie, als wären wir sie angegangen. Die beste Möglichkeit, energieraubende Gedanken abzustellen, ist es, die Aufgaben zu erledigen. Warten Sie nicht, bis der geeignete Moment kommt, das Projekt abgeschlossen oder der größte Stress vorbei ist. Meist gibt es nicht *den* richtigen Zeitpunkt, wohl aber jede Menge verpasste Gelegenheiten. Die meisten lohnenden Ziele erfordern Zeit, eine gute Planung und ein hohes Maß an Durchhaltevermögen. Daran führt kein Weg vorbei. Überwachen Sie dabei regelmäßig ihre Fortschritte. Nur wer weiß, wo er steht, kann seine Strategien an die Situation anpassen.

Bei der Selbstmotivation kann die Antriebskraft von der Tätigkeit selbst (weil man sie gerne tut), von der Sache (weil man sie haben möchte) oder von dem Ziel (was man erreichen möchte) ausgehen. Die Motivation kann also von innen herauskommen (intrinsisch) oder von außen (extrinsisch), etwa durch Lob und Anerkennung oder monetäre Anreize. Nun wäre es zwar schön, aber wenig realistisch, wenn ständig jemand Beifall klatschte oder unser Gehalt aufstockte, sobald wir eine Aufgabe erledigt haben. Besser und noch dazu nachhaltiger wirkt die intrinsische Energie, wenn also etwas aus eigenem Antrieb geschieht. Dabei können zwei Richtungen eingeschlagen werden: *hin zu* oder *weg von*. Bei der Hin-zu-Motivation treiben einen positive Kräfte wie Freude und Begeisterung an, bei der Weg-von-Motivation kommt man eher durch negative Emotionen wie Druck und Angst in Bewegung.

*Oliver Kahn*, seinerzeit Welttorhüter, mehrmals deutscher Meister und Pokalsieger, war bekannt für seinen Ehrgeiz. Drucksituationen empfand er als besondere Herausforderung. *»Ich habe Druck nie als negativ empfunden. Es war irgendwie Anreiz und hat Kräfte freigesetzt.«* Marathonläufer hingegen sprechen oft von dem Gänsehauterlebnis, weswegen es sich lohne, die Strapazen von nahezu 42 Kilometern auf sich zu nehmen. Und tatsächlich sind es diese ganz besondere Magie und das Kribbeln, das durch den Körper strömt, wenn einem die Zuschauer begeistert zujubeln, egal, mit welcher Geschwindigkeit man unterwegs ist – wissend, dass dem eigentlichen Event ein monatelanges schweißtreibendes Training vorangegangen ist. Von daher ist es nicht zuletzt auch der Stolz auf die eigene Leistung, der einen in den »Flow«-Zustand laufen lässt, sowie das Bewusstsein, etwas zu tun, was die meisten Menschen weder können noch wollen. Ähnlich beschrieb es der mehrfache Schwergewichtsweltmeister *Muhammad Ali* in einem seiner Interviews: *»Champions werden nicht in Trainingshallen gemacht. Champions werden durch etwas gemacht, was sie in sich tragen: ein Verlangen, einen Traum, eine Vision.«*

Welche der beiden Strategie bevorzugt wirkt, ist typbedingt. Auch wenn es die meisten Klienten in ihren Worst-Case-Szenarien »weg von« etwas treibt, funktionieren grundsätzlich beide Richtungen. In meiner Praxis habe ich die Erfahrung gemacht, dass sich mehr Menschen aus Leidensdruck für ein Coaching entscheiden, wenn etwa berufliche Erfolge ausbleiben oder die Kündigung droht. Privat sind es meist einschneidende Erlebnisse wie schmerzhafte Trennungen oder schwere Schicksalsschläge, die einen die Komfortzone überwinden lassen. Plötzlich ist da genügend Kraft und Motivation, um aus alten Pfaden auszutreten. Manch ein Ex-Partner hätte sich vielleicht gewünscht, dass nur ein bisschen von diesem neuen Elan schon während der Beziehung spürbar gewesen wäre.

Zu wissen, unter welchen Rahmenbedingungen man zur Höchstform aufläuft, bildet die Grundvoraussetzung, um sich selbst besser steuern zu können. Dadurch lassen sich viele Aufgaben den individuellen Bedürfnissen anpassen und innere Widerstände verringern. Angenommen, Sie müssten sich auf eine Prüfung vorbereiten und sind eher jemand, der von alleine nicht so recht in die Gänge kommt, dafür aber gut und gerne in Teams arbeitet. In diesem Fall wäre es sinnvoll, eine Arbeitsgruppe zu bilden oder sich zumindest einen Lernpartner zu suchen.

Ihre Aufgabe ist es nun herauszufinden, wann *Sie* zur Höchstform auflaufen. Was treibt Sie an? Wer oder was inspiriert Sie oder zieht Sie in den Bann? Worauf freuen Sie sich? Und wofür lohnt es sich Ihrer Meinung nach, Zeit und Energie aufzuwenden? Fragen Sie sich auch, was passieren müsste, damit Sie sich so richtig ins Zeug legen. In welchen Situationen oder unter welchen Rahmenbedingungen überwinden Sie auch die größten Hürden und Widerstände?

**Übung: Motivatoren finden**

Erstellen Sie eine Liste Ihrer persönlichen Motivatoren und Demotivatoren. Motivationsfaktoren können sein Lob, Anerkennung, Gestaltungsfreiheit, Vorbilder, Macht und Status, aber auch positive Beziehungen zu den Kollegen oder eine hohe Identifikation mit der Firma und dem Produkt. Zu den Demotivatoren zählen unter anderem mangelnde Wertschätzung, ein zu geringes Einkommen, zu viel Bürokratie, ein schlechtes Betriebsklima, Stress und Zeitdruck oder schlichtweg die fehlende Vision.

Folgende Fragen werden Ihnen bei der Suche helfen:

1. Wie schaffe ich es, morgens aufzustehen? Was geht in mir vor, wenn der Wecker klingelt und ich mich aus dem Bett quälen muss? Welche Gedanken, inneren Stimmen und Gefühle habe ich?

2. Wie schaffe ich es, unangenehme Pflichtaufgaben wie beispielsweise Haushalt, Fahrtenbuch, Steuererklärung etc. zu erfüllen?

3. Was genau ist es, das mich bestimmten Dingen oder Aufgaben gerne und mit Lust nachgehen lässt?

Wenn Sie wissen, was Sie anspornt oder hemmt, können Sie entsprechende Strategien entwickeln. Die besten Resultate lassen sich erzielen, wenn man nach dem Prinzip verfährt: Motivatoren suchen und Demotivatoren abbauen. Bearbeiten Sie dabei immer nur ein Lernfeld. Mehrere Ziele gleichzeitig erfordern nicht nur einen erhöhten Energieaufwand, sondern verringern auch die Effizienz. Viel hilft nicht immer viel. Den Übermotivierten droht in der Regel mindestens ebenso ein Leistungseinbruch wie den Disziplinlosen. Sich das Rauchen abzugewöhnen und zur selben Zeit eine Diät zu beginnen ist schon deshalb keine gute Idee, weil – so die Psychologen *Roy Baumeister* und *John Tierney* – unsere Willenskraft zwar trainierbar, aber eben nur begrenzt verfügbar ist. Verschiedene Vorsätze konkurrieren miteinander und mindestens einer von beiden bleibt auf der Strecke. Konzentrieren Sie sich deshalb auf eine Sache. Und vergessen Sie alles, was Sie über Multitasking gehört haben. Zwar gibt es Tätigkeiten, die parallel laufen können, aber nur, wenn es sich dabei um Automatismen handelt. Sobald Aufgaben unterschiedliche Anforderungen oder Ziele haben, funktioniert das mit dem Multitasking nicht mehr. Die Willensstärke multipliziert sich nicht mit der Anzahl der Projekte, sondern verteilt sich gleichmäßig auf alle. Das belastet zusätzlich. Ebenso wie Versuchungen. Um vom Glimmstängel loszukommen, ist es wenig ratsam, sich jeden Abend in eine Gesellschaft zu begeben, in der viel geraucht wird. Umgeben Sie sich stattdessen lieber mit Nichtrauchern, damit bleibt mehr Willensstärke für das eigentliche Vorhaben. Jede noch so kleine Veränderung kostet Kraft. Schon wenn Sie Ihre Hände anders als gewohnt falten, werden Sie merken, wie fremd sich das anfühlt. Solch simple Haltungsänderungen sorgen bereits für Aufruhr in unserem Gehirn, der erst beendet ist, wenn es sich an die neue Position gewöhnt hat.

Ein weiterer Grund dafür, dass wir uns zu bestimmten Aufgaben so schlecht aufraffen können, liegt darin, dass andere Dinge einfach mehr Spaß versprechen. Wir stürzen uns quasi auf alles, wozu wir Lust verspüren – beispielsweise unsere Nachrichten auf dem Smartphone zu checken. Jedoch: Solange unser Blick permanent auf das Display wandert, wird es schwer, sich auf etwas anderes zu konzentrieren – erst recht, wenn das »Corpus Delicti« direkt vor einem auf dem Tisch liegt. Machen Sie es sich also nicht schwerer als nötig. Legen Sie das Handy weg und definieren Sie telefonfreie Zeiten.

**Tipp:** Ein paar weitere Empfehlungen habe ich noch für Sie, damit Sie motiviert durchstarten.

***Machen Sie sich Sinn und Notwendigkeit klar***

Wenn Aufgaben schon keinen Spaß machen, sollten sie zumindest einen Sinn haben. Machen Sie sich deshalb immer wieder den Zweck und die Notwendigkeit der Maßnahme klar. Je bedeutender oder dringlicher etwas erscheint, desto motivierter sind wir.

Fragen Sie sich: Für wen oder was ist die Veränderung nützlich oder gar zwingend erforderlich? Was würde passieren, wenn ich mich nicht in diesem Bereich weiterentwickeln würde? Was kann ich damit erreichen? Wen könnte ich beeindrucken? Was käme in Bewegung oder zum Stillstand? Beachten Sie dabei, dass jede Tätigkeit in einem größeren Gesamtkontext wichtig sein kann. Notfalls werden Sie kreativ und heben die Aufgaben in ihrer Wertigkeit an, indem Sie das Ganze für sich als ein großes Projekt betrachten.

***Stellen Sie eine Belohnung in Aussicht***

Steht eine konkrete Belohnung in Aussicht, gehen uns die meisten Dinge besser von der Hand. Das muss nichts Großes sein, sollte aber für Sie schon etwas Besonderes darstellen. Etwas, das nicht alltäglich ist und Ihnen Freude oder Lust bereitet wie etwa ein Saunabesuch, eine Eintrittskarte fürs Kino oder eine Mahlzeit beim Lieblings-Italiener um die Ecke. Wenn Sie ansonsten kaum Zeit und Muße finden für solche Genussmomente, ist das oft schon Anreiz genug, und bereits die Vorfreude darauf wirkt stimulierend. Natürlich nur, wenn Sie Ihr Versprechen einlösen – und zwar unmittelbar nach Erreichen des Zieles. Belohnungen gelten nicht unserem Verstand, sondern unserem Körper und unserer Seele und sollten deshalb unmittelbar vollzogen werden. Denn stellen Sie sich vor, nach Beendigung eines anstrengenden Projekts würden Sie gleich das nächste beginnen, ohne vorher anerkennende Worte vom Vorgesetzten erhalten zu haben. Oder bei einem lukrativen Geschäftsabschluss bliebe die Gratifikation aus. Wie würde sich das wohl auf Ihre Motivation auswirken?

***Bauen Sie Druck auf***

Als ich Mutter wurde, ging ich diese verantwortungsvolle Aufgabe mit der – im Nachhinein betrachtet – etwas naiven Vorstellung an, meine Kinder ausschließlich nach dem Belohnungsprinzip erziehen zu können. Positive Anreize müssten doch ausreichen, um die erwünschte Wirkung zu erzielen. Wutausbrüche und Strafen, so war meine tiefste Überzeugung, seien nur etwas für unfähige Eltern. Leider lehrt uns das Leben manchmal etwas anderes oder – um es mit Goethes Worten zu sagen – »*Grau… ist alle Theorie.*«. Während meine Tochter noch auf positive Anreize reagierte, versagte diese Taktik bei meinem Sohn vollends. Das galt insbesondere für Verhaltensregeln, die zwar in *meinem* Wertesystem weit oben standen, in *seinem* aber eher lästige Pflichten darstellten. Ein immer wiederkehrendes Diskussionsthema war seine Unordentlichkeit. Dabei spreche ich nicht von dem normalen Wahnsinn, der sich bisweilen hinter Kinderzimmertüren verbirgt. Ich rede von flächendeckendem Chaos, welches mich regelmäßig erwartete, wenn ich von der Arbeit kam. In stumpfer Ignoranz verteilte mein Sohn all seine

Klamotten in der kompletten Wohnung. Zwar räumte er nach Aufforderung hin alles weg, aber zwei Stunden später sah es genauso aus wie vorher. Da halfen weder Reden noch Schimpfen. Keine noch so ausgeklügelte pädagogische Maßnahme schien zu greifen. Seine Lernkurve stieg erst, als Sanktionen drohten. Denn was er noch mehr hasste als das Aufräumen, war der Verzicht auf seine TV-Lieblingsserie.

Dieses kräfteraubende »Tauziehen« zog sich durch die gesamte Erziehung. Heute sorgt mein Sohn selbst für Ordnung, indem er sich regelmäßig Besuch einlädt. Die Angst vor einer Blamage gibt ihm den nötigen Druck, seine Studentenbude halbwegs instand zu halten.

Und was bringt Sie auf Trapp? Seien Sie ruhig ein wenig kreativ. Oder pragmatisch. Wenn es Ihr Ziel ist, sich mehr zu bewegen, könnten Sie sich einen Hund anschaffen. Der muss dreimal am Tag Gassi gehen – egal, ob Sie wollen oder nicht. Eine weitere Möglichkeit, sich selbst in die Pflicht zu nehmen, ist die Erwähnung seines Vorhabens gegenüber Dritten. Informieren Sie Ihr Umfeld! Nutzen Sie dazu auch die Social-Media-Plattformen. Je mehr Menschen Bescheid wissen, desto besser.

Eine ähnlich kontrollierende Funktion haben Apps fürs Smartphones. Wenn es vibriert und summt, werden Sie freundlich bis nervtötend an Ihre Pflichten erinnert. Sollten Sie der Spielertyp sein, wecken Sie Ihren Ehrgeiz, indem Sie eine Wette eingehen oder für Konkurrenz sorgen. Konkurrenz belebt nicht nur das Geschäft, sondern fördert auch die Motivation. Setzen Sie sich ein Zeitlimit, bis wann Sie die Aufgabe angegangen bzw. erledigt haben wollen. Manche Menschen zeigen eine deutlich höhere Anstrengungsbereitschaft, wenn ihnen die Zeit im Nacken sitzt. Je größer der Termindruck, desto niedriger die Blockade. Tragen Sie solche Termine in Ihren Kalender ein und überlegen Sie sich Sanktionen, falls Sie diese nicht einhalten. Sie könnten beispielsweise einen Geldbetrag an eine Hilfsorganisation spenden. Geld zieht immer – wie zum Beispiel die öffentliche Diskussion über die Abschaffung von Gratis-Plastiktüten gezeigt hat. Während der mahnende Appell von Ökologen und Politikern, man möge doch den in den Weltmeeren bedrohten Lebewesen zuliebe beim täglichen Einkauf auf Mehrwegbeutel umschwenken, lange Zeit wirkungslos verpuffte, wurden dank des am 1. April 2016 in

Kraft getretenen Gesetzes zur Bezahlpflicht von Plastiktüten 2016 immerhin 30 Prozent weniger Plastiktüten vom Handel ausgegeben. Mit etwas Druck sind wir offensichtlich eher bereit, unser Verhalten zu ändern – selbst wenn es dabei nur um zwanzig Cent geht!

**Zwischenfazit:** Neben Belohnungen ist auch Druck ein probates Mittel, um zum Ziel zu kommen. Wie groß die Geschütze sind, die aufgefahren werden müssen, um den richtigen Drive zu bekommen, hängt von Günters Beharrlichkeit ab. Nutzen Sie ruhig auch technische Hilfsmittel. Apps wirken als Erfolgskontrolle sehr motivierend, vor allem, wenn man sich Gruppen anschließt, die dasselbe Ziel verfolgen. Die Angst vor öffentlicher Blamage ist nämlich bei den meisten Menschen deutlich größer als die Hemmschwelle, sich selber etwas vorzumachen. Nehmen Sie sich nicht zu viel auf einmal vor, sondern konzentrieren Sie sich auf eine Kernaufgabe. Da Sie weder sich selbst überholen noch Ihre persönliche Entwicklung an andere delegieren können, braucht das Etablieren neuer Verhaltensweisen Ihre volle Aufmerksamkeit.

### *7.5.4 Zeigen Sie Durchhaltevermögen*

Um eine Aufgabe anzufangen, braucht der Mensch Motivation, um sie zu Ende zu bringen, Disziplin. Ging es eben darum, zunächst einmal überhaupt in die Gänge zu kommen, widmen wir uns nun dem Durchhalten. Denn folgt man der aktuellen Forschung, dann sind Talent, Intelligenz und auch Bildung zwar allesamt Faktoren, die Einfluss auf den Erfolg nehmen, am Ende aber sind sie weit weniger relevant als die »Disciplina«, was aus dem Lateinischen stammend für Zucht und Ordnung steht. Dabei unterscheidet man zwischen Disziplin und Selbstdisziplin. Beides verhält sich in etwa so zueinander wie die Fremd- zur Selbststeuerung. Während bei der Disziplin Strukturen, Regeln oder Vorgaben von außen kommen, liegt bei der Selbstdisziplin die Entscheidung, etwas zu tun oder es sein zu lassen, bei einem selbst. In den folgenden Ausführungen ist stets die Selbstdisziplin in Form einer bewussten Eigenkontrolle gemeint. Sie umfasst Selbstbeherrschung, Ausdauer und Willenskraft. Es ist das, was die meisten Menschen am nötigsten brauchen und am wenigsten mögen.

Musterbeispiele an Selbstdisziplin und Willensstärke lassen sich vor allem im Sportbereich finden. Nirgends ist die physische und mentale Stärke so deutlich sichtbar wie bei Spitzensportlern, wenn beispielsweise Triathleten gleich mehrere Disziplinen nacheinander absolvieren oder Gewichtheber das Dreifache ihres Körpergewichtes stemmen. Hinter all diesen Höchstleistungen stecken Fleiß und Verzicht. Wer nicht hart trainiert, läuft dem Erfolg buchstäblich hinterher. Für einen wie *Joey Kelly*, der sich mit seinen außergewöhnlichen Aktionen den Titel »King of Pain« verdient hat, gehören Fleiß und Verzicht zum Alltag. Ob Ultra-Marathon, Triathlon, 900 km lange Fußmärsche quer durch Deutschland – dem Extremsportler ist keine Herausforderung zu groß, keine Anstrengung zu viel. *»Aufgeben ist keine Option«*, lautet sein Motto.

Sollte es Ihnen an diesen Tugenden mangeln, müssen Sie nicht gleich die Flinte ins Korn werfen. Disziplin lässt sich – wie die Muskeln in unserem Körper – durch kontinuierliches Training aufbauen. Dazu empfehle ich Ihnen im Folgenden einige mentale »Workouts«:

**Entfachen Sie das Feuer immer wieder neu**

Viele unserer Gedanken spielen sich in Bildern ab. Je öfter dasselbe Bild in unseren Gedanken auftaucht, je stärker wir es mit einer Emotion verknüpfen, desto mehr Kraft kann es entwickeln. Schließen Sie die Augen und stellen sich vor, wie es sich anfühlt, wenn Sie nach einem langen, beschwerlichen Weg am Ziel angelangt sind oder etwas erreichen, von dem Sie dachten, dass es unmöglich sei. Malen Sie sich diese Situation in den schönsten Farben aus. Stellen Sie sich all Ihre Freunde und Kollegen vor, wie sie Ihnen anerkennend auf die Schulter klopfen. Die Vorwegnahme eines guten Gefühls animiert zum Durchhalten.

Eine ähnliche Wirkung erreichen Sie mit der Erstellung eines Abreißkalenders. Mit jedem Blatt kommen Sie Ihrem Ziel ein Stück näher. Sie können auch inspirierende Geschichten lesen, beispielsweise über Personen, die das, was Sie anstreben, schon erfolgreich umgesetzt haben. Es gibt zahlreiche Möglichkeiten, das Feuer immer wieder neu zu entfachen, damit das Ziel seine magische Anziehungskraft behält. Seien Sie kreativ und sorgen Sie für Abwechslung. Es sind genau solche positiven Gefühle, die Ihnen die Kraft geben, trotz aller Hindernisse und Schwierigkeiten durchzuhalten.

### Messen Sie sich mit anderen

Ein wirksames Mittel, sich zum Durchhalten zu animieren, ist auch der Vergleich mit anderen. Beim sogenannten **Aufwärtsvergleich** orientiert man sich an Menschen, die einem in bestimmten Dingen einen Schritt voraus sind. *»Andere Personen können uns als Vorbilder dienen und so unsere Motivation steigern oder uns Wege zu unseren Zielen zeigen. Wir können lernen, indem wir erfolgreiche andere imitieren oder auch die Fehler der Gescheiterten vermeiden.«* (Corcoran/Crusius, 2016) Wichtig für diese Strategie ist jedoch ein gesundes Selbstbewusstsein, weil sich ansonsten auch schnell der gegenteilige Effekt einstellen könnte und man, statt dem anderen motiviert nachzueifern, resigniert aufgibt.

Alternativ können Sie es auch mit dem **Abwärtsvergleich** versuchen. Bestimmt werden Sie Freunde, Kollegen oder sonstige Personen kennen, die sich noch schwerer mit der Überwindung ihrer Komfortzone tun. Ein solcher Vergleich hält nicht nur das eigene Ego hoch, sondern – so paradox sich das anhören mag – auch die Motivation. Das hat etwas mit dem Belohnungssystem in unserem Gehirn zu tun. In den älteren Hirnarealen wird unter anderem der Botenstoff Dopamin gebildet, der dafür verantwortlich ist, dass wir uns gut fühlen oder sogar Hochgefühle erleben. Im Volksmund auch als »Glückshormon« bezeichnet, wird die tatsächlich psychotrope Bedeutung dieses Neurotrans mitters allerdings vom amerikanischen Hirnforscher *John Salamone* hauptsächlich im Bereich der Antriebssteigerung und Motivation vermutet. (Buckley, 2012) Ob und wie viel von diesem körpereigenen Opioid erzeugt wird, hängt unter anderem davon ab, wie wir bestimmte Dinge bewerten. Wenn wir uns also mit anderen vergleichen, bewerten wir die Dinge, die wir sehen und erleben. Dabei vergibt unser Gehirn sogenannte Belohnungswerte. Je höher die Punktzahl ist, desto mehr Dopamine werden ausgeschüttet. Erfüllen sich hingegen

Erwartungen nicht, kann das Belohnungssystem auch negative Reaktion hervorrufen. Dann fühlt man sich schlecht, ist enttäuscht oder frustriert.

Ein Beispiel: Bekommt jemand von seinem neuen Arbeitgeber ein Jahresgehalt von 60.000 Euro angeboten und hat vorher für dieselbe Tätigkeit 50.000 Euro im Jahr erhalten, so vergibt sein Gehirn für die 60.000 Euro einen hohen Belohnungswert. Er ist dann hochzufrieden mit diesem Einkommen. Verdiente diese Person vorher jedoch 70.000 Euro, vergibt das Belohnungssystem für die angebotenen 60.000 Euro eine niedrigere Punktzahl als für die 70.000 Euro zuvor. Das wiederum führt zu schlechten Gefühlen. Man sieht also: Je nachdem, womit man die 60.000 Euro vergleicht, bewertet das Gehirn ein und denselben Betrag unterschiedlich, was dann auch zu unterschiedlichen Gefühlen führt.

Der Trick besteht nun darin, das Glück gezielt im Unglück zu suchen, sodass dieser Abwärtsvergleich dafür sorgt, dass in Ihrem Gehirn eine ordentliche Dosis dieser Glückshormone produziert wird, damit Sie sich zufriedener fühlen. Das Gefühl von Zufriedenheit wiederum trägt erheblich dazu bei, dass wir wieder handlungsfähiger sind und motiviert Probleme angehen.

**Entwickeln Sie Routinen**

Wir kennen das aus der Physik: Der meiste Schwung wird beim Start benötigt. Jeder, der schon einmal mit seinem Auto liegen geblieben ist, weiß aus eigener Erfahrung: Auf den ersten Metern bedarf es immenser Kräfte, um den Blechkoloss beim Anschieben auch nur wenige Zentimeter zu bewegen. Wenn der Wagen erst einmal ins Rollen gekommen ist, läuft er fast wie von selbst. Genauso verhält es sich mit schwierigen Aufgaben oder solchen, zu denen man keine Lust hat. Sich jeden Tag aufs Neue zu überreden, kann auf Dauer sehr ermüdend sein. Diese tägliche innere Diskussion ersparen Sie sich, wenn Sie sich Handlungen zu Gewohnheiten machen und eine Routine entwickeln.

Für unser Gehirn sind Gewohnheiten unverzichtbar. Es wäre sonst mit der Vielzahl von Informationen, die sekündlich auf uns einprasseln, bei aller Plastizität des Gehirns, also seiner Fähigkeit, die Stärke und Anzahl der Verbindungen zwischen Nervenzellen zu ändern, komplett überfordert, und wir wären praktisch handlungsunfähig. Deshalb werden grundlegende Verhaltensweisen wie beispielsweise das Zähneputzen oder Schuhebinden – laut Gehirnforscher Gerhard Roth (Fokus Magazin, Nr.2, 2013) – in den Basalganglien als kompakte Information abgespeichert wie auf einem Computerchip, wo sie dann in der entsprechenden Situation automatisch abgerufen werden. So erreichen etwa 90 Prozent der täglichen Entscheidungen unser Bewusstsein gar nicht mehr. Wir treffen sie praktisch via Autopilot, womit die Energie dann für sinnvollere Dinge zur Verfügung steht.

Aus genau diesem Grund bringt es auch nichts, alten Strukturen mit Appellen und Aufklärung zu Leibe zu rücken. Sparpläne und Modernisierungsprogramme des Arbeitgebers können noch so überzeugend sein, unser gewohntes Verhalten lässt sich nicht mit Argumenten ändern, sondern nur durch tägliches Üben. Erledigen Sie deshalb Ihre Dinge immer zur selben Zeit und im selben Kontext. Sie werden sehen, wie der Widerstand mit der Zeit schwindet. Lassen Sie Ihr Unterbewusstsein für Sie arbeiten. Wurde erst einmal ein Automatismus entwickelt, wirkt dieser ohne zusätzlichen Aufwand in Ihnen weiter. Routinen erleichtern das Durchhalten immens.

**Erstellen Sie einen Notfallplan**

Im Job sind wir es gewohnt, in Alternativen zu denken, um so auf Unvorhergesehenes flexibel reagieren zu können. Wenn beispielsweise noch Seiten für die anstehende Präsentation ausgedruckt werden sollen und der Drucker streikt, dann weichen wir wie selbstverständlich entweder auf ein anderes Gerät aus oder marschieren in den nächsten Kopiershop. Vielleicht switchen wir aber auch kurzfristig auf PowerPoint um und reichen dem Kunden die Papierversion nach. Steht ein wichtiges Projekt an, das zu einem bestimmten Zeitpunkt fertig werden soll, und es fallen zwei der Teammitglieder krankheitsbedingt aus, dann verteilen wir die Aufgaben um oder holen uns externe Unterstützung. Irgendetwas fällt uns immer ein, um das Ziel trotz Widrigkeiten zu erreichen.

Zeigen Sie dieselbe Kreativität für Ihre persönlichen Zwecke. Idealerweise haben Sie »Plan B« bereits in der Schublade. Warum warten, bis das Kind in den Brunnen gefallen ist? Sorgen Sie vor, indem Sie Entscheidungen vorwegnehmen. Machen Sie sich einen Plan, wie Sie reagieren werden, wenn Sie etwa mitten in einer Diät in Versuchung geraten. Legen Sie fest: »Immer wenn mir jemand ein Stück Kuchen anbietet, stecke ich mir einen zuckerfreien Kaugummi in den Mund.« Dadurch, dass Sie solche passenden Reaktionen parat haben, wird es Ihnen leichter fallen, sich an die guten Vorsätze zu halten.

**Zwischenfazit:** Um Ihre persönliche Entwicklung voranzutreiben, müssen Sie kein Sabbatical einlegen oder sich ins Kloster zurückziehen, aber Sie sollten sich in Selbstdisziplin üben. Mit Willenskraft und Durchhaltevermögen lassen sich festgefahrene Pfade verlassen. Erkennen Sie, welche Ihrer Verhaltensweisen lediglich Tarnung für die innere Abwehr sind. Danach sollten Sie alle potenziellen Ablenkungs- und Störfaktoren beseitigen und sich auf *ein* Lernfeld sowie die Umsetzung *einer* Maßnahme konzentrieren – und zwar mindestens so lange, bis ein neuer Automatismus entstanden ist.

»Es sind nicht die Erfolge, aus denen man lernt, sondern die Fiaskos.« Coco Chanel

## 7.5.5 Stehen Sie immer wieder auf

*»Ich habe nicht versagt. Ich habe nur 10.000 Wege gefunden, wie es nicht funktioniert!«*, kommentierte der Erfinder *Thomas Edison* seine unzähligen Fehlversuche auf dem Weg bis zur marktreifen Glühbirne. 10.000 Mal gescheitert und immer wieder von vorne begonnen. Das nenne ich mal Durchhaltevermögen!

Oft entscheidet sich schon im Kopf, ob wir uns auf der Gewinner- oder Verliererseite befinden. Natürlich ist niemand vor Rückschlägen gefeit. Aber während die einen nach einem Stolpern am Boden liegen bleiben, kommen die anderen schnell wieder auf die Beine.

**Fallbeispiel:** Wie unterschiedlich Menschen in vergleichbaren Situationen reagieren können, zeigt die Familiengeschichte von Volker. Bei einem Vortrag über »Resilienz« kamen wir in der Pause ins Gespräch. Offen gestand er mir, dass seine ältere Schwester trotz des alkoholabhängigen Vaters und der depressiven Mutter nicht nur ein Einser-Abitur hingelegt habe, sondern auch längst glücklich verheiratet und liebevolle Mutter von drei kleinen Kindern sei, während er selber sich beruflich wie privat als gescheitert betrachte. »Eigentlich hat es Maria viel härter getroffen«, schüttelte Volker ungläubig den Kopf. »Da unsere Mutter phasenweise nicht einmal aus dem Bett kam, musste sie alle Pflichten übernehmen – vom Einkauf, über den Haushalt bis hin zur Kinderbetreuung. Dabei war sie mit ihren 12 Jahren selber noch ein Kind.« In seine Stimme mischte sich neben der Bewunderung für seine Schwester auch Wut über den Totalausfall seiner beiden Elternteile.

»Maria kochte, machte mit mir die Hausaufgaben und holte mich regelmäßig vom Fußballtraining ab. Vor allem aber stellte sie sich vor mich, wenn unser Vater mal wieder völlig betrunken nach Hause kam. Sie hat alles weggesteckt – auch die Ohrfeigen, die eigentlich für mich bestimmt waren. Sie war immer schon die Stärkere von uns beiden. Mich hingegen verfolgt die Vergangenheit bis heute«, fuhr Volker mit gesenktem Blick fort. Eine Erklärung für den unterschiedlichen Verlauf ihrer beider Leben habe er nicht. Bis zu diesem Vortrag sei er der Meinung gewesen, seine Schwester habe einfach nur Glück gehabt, die Kindheit ohne nennenswerte Folgen überstanden zu haben.

Warum manche Menschen selbst bei den schlechtesten Startbedingungen ihr Leben gut meistern und nicht zwangsläufig zu einem verheerenden Schicksal verdammt sind, hat nichts mit Glück zu tun – wenn man mal von der zufälligen Verteilung der Gene absieht. Viel mehr liegt es an der individuellen Ausprägung der psychischen Widerstandskraft. Das belegen Studien der amerikanische Entwicklungspsychologin *Emmy Werner* (Werner, 1977). Sie beobachtete auf der hawaiianischen Insel Kauai an die 700 Jungen und Mädchen, deren Chancen auf ein erfolgreiches Leben durch Armut, Vernachlässigung und Misshandlung denkbar schlecht waren. Dennoch wuchs ein Drittel der Kinder zu selbstbewussten, fürsorglichen und leistungsfähigen Erwachsenen heran. Der Unterschied zwischen resilienten und »auffälligen« Kindern war, dass Erstere widerstandsfähigere stabile emotionale Beziehungen zu mindestens einem ihnen nahestehenden Erwachsenen hatten. Sie orientierten sich an Vorbildern, die ihnen Werte vermittelten und zeigten, wie Probleme konstruktiv gelöst werden können. Zudem kamen sie früh in die Lage, Leistungsanforderungen zu bewältigen, die ihrem Alter und geistigen Stand entsprachen. Bei Maria war dies die Versorgung des jüngeren Bruders. Hinzu kommen Eigenschaften wie Beziehungsfähigkeit, Selbstständigkeit, Kreativität, Entschlossenheit, Mut und Humor. Diese Charaktereigenschaften bilden unsere »geistige Wirbelsäule«, die uns auch in Krisensituationen trägt.

Zusammenfassend kann man sagen: Resiliente Menschen sind in der Lage, mit den sich ständig verändernden Situationen gut umzugehen, diese für sich zu nutzen und für sich selbst und andere positive Resultate zu erzielen. Starke Menschen verfolgen ihre Ziele hartnäckig – und zwar so lange, wie es ihnen lohnend erscheint. Mit anderen Worten: Sie halten durch, aber harren nicht aus. Statt sich an Lebensentwürfe oder an Personen zu klammern, lassen sie los und richten sich neu aus.

Resilienz entsteht meist in frühen Lebensphasen, kann aber noch im späteren Leben entwickelt werden. Der Ausbau unserer Resilienz bedarf – genau wie unsere gesamte persönliche Entwicklung – der Kontinuität. Er bedarf Zeit und Geduld. Aber die Grundlagen für eine starke Psyche tragen wir bereits in uns. Ob Sie Ihre Potenziale instinktiv nutzen oder diese innere Stärke erst erlernen und immer wieder trainieren, spielt dabei keine Rolle. Am Ende müssen Sie einfach nur einmal mehr aufstehen, als Sie hingefallen sind.

**Zwischenfazit:** Selbst wenn Sie Ihr Bestes geben, kann es passieren, dass Sie vom Weg abkommen. Es verlangt niemand, dass Sie sich darüber freuen, aber es bringt auch nichts, aus kleinen Rückschritten Dramen zu machen. Das setzt nur negative Energie frei. Betrachten Sie einen Ausrutscher lieber als Lernerfahrung oder nehmen Sie es mit Humor. Der Blick nach hinten hilft zwar zu verstehen, aber wir leben immer nach vorne. Seien Sie also nicht zu streng mit sich! Verzeihen Sie sich gelegentliche Rückfälle und setzen Sie einfach wieder da an, wo Sie aufgehört haben, gemäß dem Motto: *»Hinfallen. Aufstehen. Krönchen richten. Weitergehen!«*

## *7.5.6 Machen Sie sich Ihre Erfolge bewusst*

Im Alltagsstress vergessen wir oft, innezuhalten und uns bewusst zu machen, was wir alles schon erreicht haben. Dabei kennt jeder die beflügelnde Wirkung von Lob und Anerkennung. Der Stolz auf die eigene Leistung wirkt sich nicht nur positiv auf die Motivation aus, sondern stärkt zudem das Selbstbewusstsein. Ein fettes Lob trägt uns durch die schwierigsten Phasen und härtet uns gleichzeitig gegen kleine Rückfälle ab. Doch obwohl uns nichts mehr motiviert als Erfolg, neigen wir dazu, Erreichtes herunterzuspielen oder nicht als solches anzuerkennen.

Wenn ich meine Klienten spontan dazu auffordere, von ihren Erfolgserlebnissen zu erzählen, geraten sie in der Regel rasch ins Stocken. Stattdessen zeigt manch einer eine bemerkenswerte Fähigkeit darin, seine wohlverdienten Lorbeeren einfach weiterzureichen. Schauen wir uns dazu die Geschichte von Stefanie und Harald an.

**Fallbeispiel:** Harald, ein 40-jähriger, hoch qualifizierter Manager, der soeben einen Millionendeal für seine Firma an Land gezogen hatte, erzählte in einem Meeting von den einzelnen Schritten, die für diesen Deal nötig gewesen waren. Und er fügte hinzu, dass dieser Erfolg nicht ohne die Unterstützung seiner jungen Kollegin möglich gewesen wäre. Dank ihres richtigen Gespürs für die Bedürfnisse des Verhandlungspartners sei es gelungen, diesen schwierigen Kunden zu überzeugen. Praktischerweise saß die besagte junge Kollegin, Stefanie, gleich neben ihm. Sie wollte das Lob jedoch nicht »auf sich sitzen« lassen und gab es mit dem Ausdruck großer Bewunderung für Haralds Umsetzungsstärke postwendend zurück. Sie sei immer noch erstaunt darüber, wie schnell er es geschafft habe, mit diesem schwierigen Kunden das Geschäft abzuschließen.

Gesellschaftlich ist es geradezu verpönt, sich selbst zu loben, obgleich dies in Zeiten, in denen viel um Erfolg und Anerkennung gebuhlt wird, geradezu paradox erscheint. Understatement mag zwar gut für die Außenwirkung sein, hat aber eher negativen Einfluss auf das Selbstbewusstsein. Also, Schluss mit der falschen Bescheidenheit! Holen Sie Ihre Pokale aus dem Schrank. Gerade in Situationen, in denen es darum geht, alle Ressourcen zu mobilisieren, ist es wichtig, sich vergangene Erfolge bewusst zu machen. Diese müssen keineswegs außergewöhnlich und großartig sein. Auch in kleinen Errungenschaften lassen sich Stärken erkennen. Erreichtes lernen Sie wertzuschätzen, indem Sie diesem einen Wert geben. Das hat nichts mit Selbstbeweihräucherung zu tun, sondern mit Motivationstraining.

**Tipp:** Begeben Sie sich auf eine Zeitreise, indem Sie sich gedanklich ausgehend vom heutigen Stand rückwärts erinnern. Was ist Ihnen in der vergangenen Woche besonders gut gelungen? Wofür haben Sie im letzten Monat Lob erhalten? Welche Erfolge konnten Sie im Vorjahr verbuchen? Was waren Ihre herausragenden Ergebnisse in der Ausbildung, während des Studiums, in der Schulzeit etc? Bisher standen all diese Pokale vergessen im Regal – die großen genauso wie die kleinen. Über die Jahre hinweg hat sich schon eine Patina der Achtlosigkeit über sie gelegt, weswegen kaum noch zu erkennen ist, was sich darunter verbirgt. Nehmen Sie Stück für Stück aus dem Regal und polieren Sie jedes liebevoll auf. Statt sie zurück an ihren staubigen Platz im Regal zu stellen, suchen Sie einen besonderen Platz, eine Art »inneres Schaufenster«, wo sie regelmäßig gepflegt und bestaunt werden können.

Alternativ handhaben Sie es einfach wie die *International School of Business and Management (IUBH)* in Bad Honnef. Dort werden die herausragenden Leistungen von Studenten auf einer *Wall of Fame* veröffentlicht. Wenn Sie Ihre Verdienste nicht gleich öffentlich zur Schau stellen wollen, richten Sie eine (Pinn-)Wand in Ihrer Wohnung ein. Daran können Sie alles anbringen, was Ihre Erfolge dokumentiert: Fotos, Urkunden, Zeitungsartikel, in denen Sie beispielsweise als Jahrgangsbester oder als Mitarbeiter des Monats geehrt wurden. Aber auch ausgedruckte E-Mails von Kunden, die sich für den außerordentlichen Service bedanken, begeisterte Geschäftspartner, die Ihre Kompetenz loben, oder positives Feedback von Teilnehmern nach einem gelungenen Seminar. Auf Ihrer persönlichen Wall of Fame halten Sie alles fest, was Sie daran erinnert, wie stark Sie sind.

**Fazit:** Umsetzen kommt von *um-setzen.* Eine andere Position einzunehmen oder etwas einem anderen Platz zuzuordnen bedeutet: Sie müssen sich bewegen. Ob die Energie dazu der Lust oder eher dem Frust entspringt, spielt eine untergeordnete Rolle. Viel wichtiger ist, dass Sie dranbleiben. Dabei können innere wie äußere Unterstützer hilfreich sein: zum einen der Glaube an die eigenen Fähigkeiten oder auch ein Solidarpartner, der Sie liebevoll anstupst, sobald sich bei Ihnen ein Motivationsknick abzeichnet. Umsetzen bedeutet aber vor allem, Vorhaben in Entscheidungen zu wandeln und auf Worte Taten folgen zu lassen.

## Zusammenfassung

Lassen Sie uns zum Schluss noch einmal die einzelnen Stufen des *TWOS-Masterplans* rekapitulieren:

1. Im ersten Schritt haben Sie Ihr Ziel definiert, indem Sie das Kernanliegen herausgeschält und sowohl konkret als auch knapp und konstruktiv formuliert haben. Damit ist der Autopilot in Ihrem Gehirn programmiert. Sie haben nicht nur eine Orientierung, sondern damit auch jede Menge Motivation in sich freigesetzt.

2. Anschließend haben Sie entweder alleine, mithilfe von Freunden und Bekannten oder auf professionellem Weg Ihre Stärken ermittelt. Bei dieser Gelegenheit haben Sie idealerweise auch gleich die Vorurteile bezüglich Ihrer Schwächen über Bord geworfen.

3. Mit diesem Startkapital im Gepäck sind Sie losmarschiert, um sich auf die Suche nach Antworten auf die Frage zu machen: »Warum will (oder muss) ich mich verändern und was hat das womöglich mit meiner Kindheit, meiner Partnerschaft oder mit meinem sozialen Umfeld zu tun?« In diesem Abschnitt des *TWOS-Prozesses* haben Sie viel über sich selbst, Ihre Denkmuster, Verhaltensweisen, Rollen und inneren Überzeugungen gelernt.

4. Nachdem Ihnen diese Zusammenhänge klar geworden sind, ging es an die Entwicklung geeigneter Maßnahmen. Erfolgsstrategien setzen sich immer aus vorhandenen Ressourcen und relevanten Erkenntnissen zusammen. Hieraus können dann letztlich kreative Ideen entspringen.

5. Was aber wäre die beste Strategie ohne Umsetzung? Nachdem Sie im fünften Schritt erfahren haben, wie Sie Ihren inneren Schweinehund austricksen und nachhaltig dranbleiben können, kann Sie nichts mehr aufhalten, Ihr Ziel zu erreichen.

Wie lange und beschwerlich der Weg auch sein mag – am Ende stehen Erfolg und Zufriedenheit. Behalten Sie den Gedanken im Blick: Wenn Sie wirklich etwas erreichen möchten, müssen Sie selbst aktiv werden. Es geht nie darum, was Sie sind. Es geht immer darum, was Sie tun.

Bewahren Sie positive und erfolgreiche Momente im Gedächtnis. Das macht Sie nicht nur stark, sondern lässt Sie auch wachsen. Nach den Gesetzen der Resonanz ziehen Sie so weiteren Erfolg in Ihr Leben. Maximal erfolgreich zu sein bedeutet, eine gute Balance zu halten zwischen der Anerkennung dessen, was Sie bereits erreicht haben, und dem Streben nach dem, was Sie noch erreichen wollen.

## Schlusswort

Ich hoffe, mit »Coaching für Kopfmenschen« einen hilfreichen und alltagstauglichen Praxisleitfaden geliefert zu haben, der Ihnen Schritt für Schritt aufzeigt, wie Sie an Stärke dazugewinnen und Ihre Ziele erreichen können. Wenn dabei Ihr Interesse an der *To-Win-On-Strength-Methode* geweckt wurde, hat sich ein persönlicher Herzenswunsch erfüllt.

Der hier vorgestellte *TWOS-Masterplan* ist in meinen Coaching-Sitzungen mit vielen Klienten praktisch erprobt worden und hat positive Eindrücke und Ergebnissen hinterlassen. Aktive Klienten haben eine neue Sicht auf ihr (Berufs-)Leben bekommen und bei konsequenter Umsetzung die gewünschten Veränderungen erfahren. Dasselbe wünsche ich mir für meine Leser.

Vielleicht haben Sie das Buch von Anfang bis Ende gelesen und sich Stufe für Stufe durchgearbeitet. Vielleicht haben Sie auch nur darin gestöbert. In beiden Fällen werden Sie auf interessante Dinge gestoßen sein und wichtige Erkenntnisse gewonnen haben. Sie wissen nun, wie Sie Ihre Potenziale ermitteln und nutzen können, um Leistung zu maximieren oder Lernfelder zu bearbeiten. Doch besonders Kopfmenschen möchte ich ans Herz legen, sich nicht dazu verleiten zu lassen, das Konzept allzu schnell als »verstanden« abzuhaken und beiseitezulegen. Sie profitieren mehr, wenn Sie sich den Unterschied zwischen Wissen und Können immer wieder vor Augen führen.

Auch wenn in dieses Buch jahrelange Coaching-Erfahrungen eingeflossen sind, so kann dies kein professionelles und individuelles Coaching ersetzen. Idealerweise verknüpfen Sie die Lektüre dieses Ratgebers mit einem professionellen Coaching. Wirksames Coaching funktioniert immer noch am besten durch eine objektive Außenperspektive, ehrliches Feedback und nicht zuletzt durch die persönliche Ansprache. Das gilt umso mehr, wenn sich Probleme manifestiert haben. Ein guter Coach wird in der Regel bereits Erfahrung mit vergleichbaren Themen haben und kann Sie bei der Umsetzung Ihrer Ziele unterstützen. Auf diese Weise lässt sich der Veränderungsprozess zudem angenehm beschleunigen.

Wenn ich etwas für Sie tun kann, dann schreiben Sie mir gerne. Dasselbe gilt selbstverständlich auch für Verbesserungsvorschläge, Lob und konstruktive Kritik. Meine Mail-Adresse lautet: **info@elke-antwerpen.de**

Zum Schluss noch ein allerletzter Tipp: Nehmen Sie sich nichts vor – treffen Sie eine Entscheidung! Innere Entscheidungen wirken bis zu zweihundert Mal stärker als gute Vorsätze. Denken Sie auch daran: Ihren wichtigsten Coach tragen Sie in sich! Es ist der feste Glaube an die eigenen Fähigkeiten, der Sie wirklich stark macht.

Viel Erfolg bei der Umsetzung!

# Danksagung

Mein Dank für die Begeisterung und die Ermunterung, all meine Gedanken zu Papier zu bringen und entsprechende Fallbeispiele herauszusuchen, gilt meinen Freunden und Angehörigen. Für die Möglichkeiten, das *TWOS-Konzept* in der Praxis zu erproben und weiterzuentwickeln, danke ich all meinen Klienten und Seminarteilnehmern.

Besondere Erwähnung verdienen die fleißigen Korrekturleser, allen voran meine Freundin Birgit Ruthenschröer, die mit ihrer kritisch-konstruktiven Art alles hinterfragt und – den Leser stets im Blick – um jede Textpassage gerungen hat. Ohne ihre Unterstützung wäre dieses Buch ganz bestimmt ein anderes geworden. Dasselbe gilt natürlich insbesondere auch für meine Lektorin Ute Flockenhaus, die mit viel Professionalität und Einfühlungsvermögen dem Manuskript den letzten Schliff gegeben und meine Erwartungen mehr als erfüllt hat. Herzlichen Dank für die vielen wertvollen Hinweise und die Geduld.

Und selbstverständlich möchte ich mich auch bei meinen Liebsten zu Hause bedanken, die eine lange Zeit auf meine Aufmerksamkeit und Unterstützung verzichten mussten, wenn ich mal wieder durch das Schreiben völlig absorbiert war. Ich hoffe, sie haben nicht vergessen, wie ihre Mutter und Partnerin ohne Ringe unter den Augen aussieht.

# Toolbox

## 1. Sozialanamnese

In diesem Fragebogen geht es darum, sich einen tieferen Einblick in Ihren lebensgeschichtlichen Hintergrund zu verschaffen. Der Fokus liegt dabei neben der biografischen Entwicklung vor allem auf Ihrer aktuellen Situation. Dazu werden wesentliche Daten und Fakten aus den Lebensbereichen Beruf, Familie und Partnerschaft erfasst. Ergänzende Angaben zu Kindheit, privaten Interessen, Freizeitverhalten etc. lassen Ihre Werte und inneren Antriebe sowie eventuelle Überschneidungen sichtbar werden.

Nehmen Sie sich deshalb Zeit für die Beantwortung der Fragen und hören Sie auf Ihre innere Stimme. Indem Sie alles ehrlich und so genau wie möglich ausfüllen, erleichtern und beschleunigen Sie Ihren Reflexionsprozess. So können Ihnen allein schon beim Ausfüllen wichtige Zusammenhänge bewusst werden. Unzutreffendes lassen Sie einfach aus. Sollte der Platz in den Tabellenspalten nicht ausreichen, fügen Sie ein Blatt Papier hinzu.

**Angaben zur Kindheit:**

| Fragen | Antwort |
|---|---|
| Als Kind habe ich gerne gespielt mit … | |
| Besonders interessiert habe ich mich für … | |
| Meine Hobbys waren: | |
| In der Schule war ich besonders gut in … | |

| Fragen | Antwort |
|---|---|
| In der Schule war ich schlecht in … | |
| Der Kontakt zu meinen Mitschülern war … | |
| Ich wurde in der Schule geärgert/ gehänselt wegen … | |
| Als Kind wollte ich unbedingt … | |
| Diese Kindheits- erlebnisse prägen mich bis heute: | |
| Über meine Kind- heit würde ich heute sagen, dass … | |
| Die Parallelen / Zusammenhänge zu meiner jetzigen Situation sehe ich in … | |
| Im Hinblick auf Ursachen und Motive ergeben sich für mich folgende Erkenntnisse: | |

**Angaben zu den Eltern** (oder – falls Sie nicht bei den Eltern aufgewachsen sind – anderen wichtigen Bezugspersonen):

| | Mutter | Vater | andere Bezugsperson |
|---|---|---|---|
| Geburtsjahr | | | |
| Falls verstorben – Todesjahr: | | | |
| Falls geschieden – Trennungsjahr: | | | |
| Der Verlust bedeutete/ bewirkte/veränderte … | | | |
| Beruf meiner Eltern: | | | |
| Typische Eigenschaften meiner Eltern: | | | |
| Den Erziehungsstil meiner Eltern würde ich bezeichnen als … | | | |
| Ich wurde oft gelobt für … | | | |

| | Mutter | Vater | andere Bezugsperson |
|---|---|---|---|
| Noch heute schätzen sie an mir, dass ich … | | | |
| Ich wurde oft kritisiert oder bestraft für … | | | |
| Noch heute kritisieren sie mich wegen … | | | |
| Meine Beziehung zu meinen Eltern früher würde ich bezeichnen als … | | | |
| Diese Erlebnisse prägen mich bis heute: | | | |
| Was ich von ihnen gerne gehabt hätte, aber nicht bekommen habe, ist … | | | |
| In diesen Eigenschaften/ Verhaltensweisen ähnle ich meinen Eltern: | | | |
| Die Atmosphäre zu Hause war … | | | |

| | Mutter | Vater | andere Bezugsperson |
|---|---|---|---|
| Den Grund dafür sehe ich … | | | |
| Was ich meinen Eltern schon immer sagen wollte, aber nie gesagt habe, ist … | | | |
| Die Parallelen / Zusammenhänge zu meiner jetzigen Situation sehe ich in … | | | |
| Im Hinblick auf Ursachen und Motive ergeben sich für mich daraus folgende Erkenntnisse: | | | |

**Angaben zu den Geschwistern:**

| | 1. | 2. | 3. |
|---|---|---|---|
| Vorname: | | | |
| Geburtsjahr: | | | |

| | 1. | 2. | 3. |
|---|---|---|---|
| Beruf: | | | |
| Typische Eigenschaften: | | | |
| Ihre/Seine Rolle innerhalb der Familie war … | | | |
| Meine Beziehung zu ihr/ihm früher würde ich bezeichnen als … | | | |
| In diesen Eigenschaften/ Verhaltensweisen ähneln wir uns: | | | |
| Unsere Gegensätze liegen in … | | | |
| Beneidet habe ich sie/ihn wegen … | | | |
| Diese Erlebnisse mit ihr/ihm prägen mich bis heute: | | | |

| | 1. | 2. | 3. |
|---|---|---|---|
| Die Parallelen / Zusammenhänge zu meiner jetzigen Situation sehe ich in … | | | |
| Im Hinblick auf Ursachen und Motive ergeben sich für mich daraus folgende Erkenntnisse: | | | |

**Angaben zu Ehe und Partnerschaft:**

| | aktuelle Partnerschaft | frühere wichtige Partnerschaften |
|---|---|---|
| Wir kennen uns bereits seit: | | |
| Wir sind zusammen/ getrennt seit: | | |
| Alter des Partners: | | |
| Beruf des Partners: | | |
| Typische Eigenschaften meines Partners sind: | | |

| | aktuelle Partnerschaft | frühere wichtige Partnerschaften |
|---|---|---|
| Typische Sätze meines Partners sind: | | |
| Meine Beziehung zum Partner zeichnet sich aus durch … | | |
| In diesen Bereichen bestehen/bestanden Übereinstimmungen | | |
| In diesen Bereichen bestehen/bestanden Gegensätze: | | |
| Was ich an ihr/ihm besonders schätz(t)e, ist … | | |
| Von meinem Partner könnte ich lernen, dass … | | |
| Was ich von meinem Partner gerne hätte, aber nicht bekomme, ist … | | |

| | aktuelle Partnerschaft | frühere wichtige Partnerschaften |
|---|---|---|
| Was meine Partner-schaft mit allen davor gemeinsam hat, ist... | | |
| Die Parallelen / Zusammenhänge zu meiner jetzigen Situation sehe ich in … | | |
| Im Hinblick auf Ursachen und Motive ergeben sich für mich daraus folgende Erkenntnisse: | | |

## Beruflicher Werdegang:

| | |
|---|---|
| Ausbildungen/Studium: | |
| Fortbildungen und Praktika: | |

| | |
|---|---|
| Abgebrochene Ausbildungen / abgebrochenes Studium | |
| Die Gründe dafür waren: | |
| Aktuell arbeite ich<br>· als<br>· seit | |
| Ich bin Führungskraft seit: | |
| Ich führe ... (Anzahl) Mitarbeiter: | |
| Ich bin Spezialist für: | |
| Ich arbeite … Stunden am Tag / in der Woche: | |
| An Überstunden fallen regelmäßig an: | |
| Das Arbeitsklima empfinde ich als … | |

| | |
|---|---|
| Die Beziehung zu meinen Kollegen würde ich beschreiben als … | |
| Die Beziehung zu meinem Vorgesetzten würde ich beschreiben als … | |
| Typische Eigenschaften meines Vorgesetzten sind: | |
| Typische Sätze meines Vorgesetzten sind: | |
| An meinem aktuellen Job mag ich besonders … | |
| An meinem aktuellen Job mag ich überhaupt nicht, dass … | |

| | |
|---|---|
| Am meisten kann ich mich identifizieren mit … (Personen, Werte, Zielen etc.) | |
| Am wenigsten identifizieren kann ich mich mit ... | |
| Der Sinn und der Nutzen meiner Arbeit liegt in … | |
| Auf einer Skala von 1 bis 10: Meine aktuelle Zufriedenheit liegt bei: | |
| Die Gründe dafür sehe ich … | |
| Wenn ich etwas ändern könnte, würde ich … | |

| | |
|---|---|
| In 5 Jahren sehe ich mich … | |
| Die Rolle tauschen würde ich gerne mit … | |
| Weil ich dann … | |
| Wenn ich heute noch einmal wählen könnte, würde ich … | |
| Meine Eltern hatten für mich folgende Berufs- und Lebensziele vorgesehen: | |
| Meine eigenen Wünsche waren … | |
| Die Parallelen / Zusammenhänge zu meiner jetzigen Situation sehe ich in … | |

| | |
|---|---|
| Im Hinblick auf Ursachen und Motive ergeben sich für mich daraus folgende Erkenntnisse: | |

TWOS, Düsseldorf 2018

(Quelle: nach A. A. Lazarus, übersetzt und erweitert von D. Zimmer, L. Echelmeyer, G. Görlitz, H. Mück und E. Antwerpen)

## Quellenangaben und Literaturverzeichnis


- Athanas, Christoph: Wie Sie den Glauben an Ihre eigene Kompetenzen stärken. Human-Resource-Blog der meta HR: Über zukunftsfähige Talentstrategien in Recruiting & OE, 26. November 2010
- Auhagen, Ann Elisabeth (Hrsg.): Positive Psychologie – Anleitung zum besseren Leben. Beltz Verlag, 2004
- Bausback, Nadine: Positionierung von Business-to-Business-Marken: Konzeption und empirische Analyse zur Rolle von Rationalität und Emotionalität. Springer Verlag, 2007
- Brandt, Jörg; Oehmke, Kirsten: Führen auf Augenhöhe – Kollegen und Teams motivierend leiten. Cornelsen, 2010
- Buckley, Christine: Dopamine Not About Pleasure (Anymore). In: UConn Today, 2012
- Carr, Allen: The Science of Happiness and Human Strengths. Brunner-Routledge, 2004
- Corcoran, Katja; Crucius, Jan): Sozialer Vergleich. In D. Frey & H. W. Bierhoff (Hrsg.), Sozialpsychologie - Soziale Motive und Soziale Einstellungen, Enzyklopädie der Psychologie (Vol. C/VI/2). Hogrefe, 2016
- Debold, Elizabeth: Rationale Männer, emotionale Frauen. evolve-magazin, 2014, http://www.evolve-magazin.de/archiv/ausgabe-02-2014/elizabeth-debold-rationale-maenner-emotionale-frauen/
- Dilts, Robert: Die Veränderung von Glaubenssystemen: NLP Glaubensarbeit. 6. Auflage, Junfermann, 1994
- Egogramm (Abbildung) basiert
- Emmerling, Pamela: Ärztliche Kommunikation: Als Erstes heile mit dem Wort … 1. Auflage, Schattauer GmbH, 2014
- Frädrich, Stefan: Das Günter-Prinzip: So motivieren Sie Ihren inneren Schweinehund. 9. Auflage, GABAL, 2011
- Frey, Dieter; Wicklund, Robert A.; Scheier, Michael F.: Die Theorie der objektiven Selbstaufmerksamkeit. In: Frey, D. (Hrsg.): Theorien der Sozialpsychologie. Bd. 1. 2. Auflage. Verlag Hans Huber, 1993
- Galal, Marc M.: Wie negative Glaubenssätze unseren Erfolg beeinflussen. www.ErfolgX.de, 23.04.2014
- Ghaffari, Kourosh: Die Macht der Gedanken. Fachbeitrag AFBN – Akademie für neurowissenschaftliches Bildungsmanagement, 2013

- Heinrich, Christian: Positives Denken: Optimismus als Überlebensstrategie. www.spiegel.de, 02.06.2013
- Hinterhuber, Hans H.: Strategische Unternehmungsführung. Bd. I. Strategisches Denken. Vision – Unternehmenspolitik – Strategie. 7. Auflage. Walter de Gruyter, 2004
- Hofmann, Wilhelm et. al.: Yes, But Are They Happy? Effects of Trait Self-Control on Affective Well-Being and Life Satisfaction. In: Journal of Personality 82:4, Seite 265-277, 2014
- http://today.uconn.edu/blog/2012/11/uconn-researcher-dopamine-not-about-pleasure-anymore/, 30. November 2012
- Kälin, Karl; Müri, Peter: Sich und andere führen. Ott Verlag, 2000
- Lazarus, Richard S.: Stress and Emotion. A new Synthesis. Free Association Books, 1999
- Löhr, Jörg: Lebe Deine Stärken! Econ Verlag, 2004
- Merkle, Rolf: Die Macht der Fantasie und Einbildung. www.palverlag.de, 1997-2017
- Nickel, Rainer (Hrsg.): Aristoteles – Nikomachische Ethik. Übersetzt von Olof Gigon. Artemis & Winkler, 2001
- Pascual-Leone, Alvaro: The brain it makes music and is changed by it. In: Peretz/Zatorre (Ed.): The Cognitive Neuroscience of Music. Oxford University Press, 2003
- Riemann, Fritz: Grundformen der Angst. Verlag Ernst Reinhard, 1961
- Rosenberg, Marshall B.: Gewaltfreie Kommunikation. Eine Sprache des Lebens. 10. Auflage, Junfermann, 2012
- Schmidt-Lellek, Christoph J.; Schreyögg, Astrid (Hrsg.): Praxeologie des Coaching. VS Verlag für Sozialwissenschaften; Auflage: 2009
- Schwarzer, Ralf: Stress, Angst und Handlungsregulation. 4. Auflage. Kohlhammer W. GmbH, 2000
- Seligman, Martin; Csikszentmihalyi, Mihaly: Positive psychology: An introduction. American Psychologist, 2000
- Stahl, Stefanie: Leben kann auch einfach sein: So stärken Sie Ihr Selbstwertgefühl. Ellert & Richter, 9. Auflage, 2016
- Stangl, W.: Motiv und Motivation. Psychologische Erklärungsmodelle. [werner stangl]s arbeitsblätter. http://www.arbeitsblaetter.stangl-taller.at/MOTIVATION/MotivationModelle.shtml (2017-11-18)

- Stangl, Werner: Rekognitionsheuristik. Lexikon für Psychologie und Pädagogik. http://lexikon.stangl.eu/2908/rekognitionsheuristik, 13.04.2002
- Stangl, Werner: Selbstaufmerksamkeit. In: Online-Lexikon für Psychologie und Pädagogik, http://lexikon.stangl.eu/5150/selbstaufmerksamkeit/, 18.10.2017
- Strack, Fritz; Martin, Leonard L.; Stepper, Sabine: Inhibiting and Facilitating Conditions of the Human Smile: A Nonobtrusive Test of the Facial Feedback Hypothesis. In: Journal of Personality an Social Psychology, 1988
- Thomann, Christoph; Schulz von Thun, Friedemann: Klärungshilfe 1: Handbuch für Therapeuten, Gesprächshelfer und Moderatoren in schwierigen Gesprächen. Rowohlt-Verlag, 1988
- Trager, Bernhard: Selbstreflexion als Kernprozess im Coaching. In: Coaching-Magazin, 1/2009
- Triebel, Claas; Heller, Jutta; Hauser, Bernhard; Koch, Axel: Qualität im Coaching. Springer, 2016
- Wadetzki, Bärbel: Nimm es bitte nicht persönlich. Kösel Verlag, 7. Auflage, 2012
- Werner, Emmy: The Children of Kauai. A longitudinal study from the prenatal period to age. University of Hawaii Press, 1977
- Wilde, Oscar: Bunbury oder Die Bedeutung, ernst zu sein. Reclam, 1999

# Stichwortverzeichnis

# Über mich

Das Thema »Stärke« zieht sich durch mein Leben wie ein roter Faden: mit 16 Jahren Auszug von zu Hause, seitdem Pionierin, Gründerin, Unternehmerin, Entwicklerin, Marathonläuferin und alleinerziehende Mutter von zwei Kindern mit sechs abgeschlossenen Ausbildungen, zwei davon in absoluten Männerdomänen. Ohne behaupten zu wollen, von Beginn an den finalen Karriereplan in der Schublade gehabt zu haben, bin ich doch stets dem Prinzip Stärke gefolgt und habe alle meine Talente zum Beruf gemacht – mein Sport- und Germanistikstudium eingeschlossen.

Anfangs wurde ich oft gefragt, wie denn eine Kamerafrau und Fotografin zum Coaching kommt bzw. wie das zusammenpasst. Die Antwort ist ganz einfach: Bei beiden Berufen steht der Mensch im Fokus. Es sind die Feinheiten, die sowohl Fotograf als auch Coach bewusst aufnehmen, wenn sie die Persönlichkeit ihres Gegenübers erfassen möchten. Man kann nur gestalten, was man auch wahrnimmt. Dabei bedarf es immer einer vertrauensvollen Zusammenarbeit beider Parteien. Ist die andere Person nicht bereit, sich zu öffnen und ihr »wahres Gesicht« zu zeigen, würde möglicherweise eine technisch brillante Momentaufnahme entstehen, aber keine, die ihrem Wesen gerecht würde. Während ich früher als Fotografin den Auslöser betätigte, um die Belichtung der Aufnahme zu starten, setze ich heute als Coach mit gezielten Fragen die Prozesse in Gang.

Als zertifizierter Business-Coach, zertifizierte Profilerin, Mitglied des Deutschen Verbandes für Coaching und Training, Autorin und Entwicklerin der *To-Win-On-Strength-Methode* bin ich beruflich angekommen. Ich habe mich spezialisiert auf die Entwicklung emotionaler und sozialer Kompetenzen mit dem Fokus auf Führung, Kommunikation und Konfliktmanagement. Nach über einem Jahrzehnt blicke ich auf rund 9.000 Coaching-Stunden mit 750 – überwiegend kognitiven – Klienten zurück. Vorwiegend in Einzelsettings, aber auch in Seminaren coache ich Führungskräfte, meist im Auftrag ihrer Unternehmen. Oft geht es dabei um die Mühen beruflicher Karrierewege. Wenn jemand vom Kollegen zum Vorgesetzten aufsteigt oder den Sprung vom mittleren Management zur Spitze schafft, ändert sich damit seine Welt und dies erfordert neue Kompetenzen. Hinzu kommen die Sparringspartnerschaften auf höchster Ebene, bei denen sich Top-Manager einen neutralen

Gesprächspartner wünschen. Aber auch Spezialisten, Selbstständige und Privatklienten begleite ich professionell bei ihren diversen Anliegen.

Meine Haltung als Coach basiert auf einem humanistischen Menschenbild. Meine Arbeit ist von der Grundannahme geprägt, dass jeder Mensch die Fähigkeiten zu seiner Entwicklung und einer erfolgreichen Lebensbewältigung in sich trägt. Ich bin überzeugt, dass jeder dann am stärksten ist, wenn er sich mit seinen Talenten und Leidenschaften verbindet. Als Coach helfe ich meinen Klienten, die eigene Wahrnehmung zu schärfen, neue Bewertungen vorzunehmen und andere Wege einzuschlagen. Die Beziehung zu den Menschen, die zu mir kommen, zeichnet sich neben Vertrauen und Wertschätzung vor allem durch Partnerschaftlichkeit aus. Professionalität, Effizienz und Humor kennzeichnen meinen Arbeitsstil. Zu meinen wichtigsten Werten gehören Authentizität, Loyalität und vor allem Autonomie. Letzteres zeigt sich unter anderem in meiner 30-jährigen Tätigkeit als Selbstständige und Unternehmerin.

Ich bin eine bekennende Optimiererin. Keine, die nach Perfektion strebt, aber für ein optimales Ergebnis gerne bis ans Limit geht. Ich mag es, in Bewegung zu sein, und meide den Stillstand. Mich faszinieren Vielfalt, Buntheit und Anderssein, was sich nicht nur in meinem Beruf widerspiegelt, sondern in meinem gesamten Leben. Freunde sagen, ich sei ein typischer »Zwilling« mit zwei Seelen in einer Brust. Von wegen zwei! Meine Persönlichkeit umfasst weit mehr Facetten. Aber in einem Punkt bin ich sehr simpel gestrickt: Ich will immer von allem das Beste!